明仔学科普 百科图解

城市安全自救指南

瀚鼎文化工作室◎编著

航空工业出版社

北 京

内 容 提 要

在现实生活中，各种意外状况总是令人猝不及防。本书用通俗易懂的语言全面系统地讲解了自然灾害、突发意外、人为危险等紧急情况下应具备的求救、逃生、急救知识，并提供了相应的急救措施。通过大量图片与文字配合，让读者能一目了然、便于学习操作，希望能够对读者们有所裨益。适于广大青少年和城市居民学习、阅读。

图书在版编目（CIP）数据

百科图解城市安全自救指南 ／ 瀚鼎文化工作室编著
. —— 北京 ：航空工业出版社，2016.2
ISBN 978-7-5165-0970-8

Ⅰ．①百… Ⅱ．①瀚… Ⅲ．①安全教育–图解②自救
互救–图解 Ⅳ．① X925–64 ② X4–64

中国版本图书馆 CIP 数据核字（2016）第 022873 号

百科图解城市安全自救指南
Baike Tujie Chengshi Anquan Zijiu Zhinan

航空工业出版社出版发行
（北京市朝阳区北苑 2 号院　100012）
发行部电话 :010–84936597　010–84936343
中国电影出版社印刷厂印刷　　　　　　　全国各地新华书店经售
2016 年 2 月第 1 版　　　　　　　　　　2016 年 2 月第 1 次印刷
开本 :710×1000　1/16　　　　　印张 :12.25　　　　字 数 :204 千字
印数 :1—5000　　　　　　　　　　　　　　定 价 :34.80 元
（凡购买本社图书，如有印装质量问题，可与发行部联系调换）

前 言

　　我们的生活中存在着许多不可预见的危险，但是你所知道的应急措施真的足够吗？意外触电怎么办？遭遇火险怎样逃生？氰化物中毒又该如何处理？本书介绍了生活中可能会遇到的各种险情，并提供了相应的急救措施。全书一目了然、便于操作，让你学会像求生专家一样思考，而不再是遇到危险时手足无措！

朋仔学科普

目 录 CONTENTS

目 录 CONTENTS

第一章
急救常识

　　在现实生活中，各种意外状况总是令人防不胜防。不小心割伤导致大出血、扭伤或者骨折、烫伤、晕厥、儿童吞下异物、车祸、火灾、心绞痛等，这些情况几乎都需要急救。及时有效的急救能够有效帮助伤病者缓解痛苦，避免情况进一步恶化，甚至挽救一条生命！

　　本章要介绍的就是最基本的急救常识，帮助读者成为具备一定急救自救能力的人。

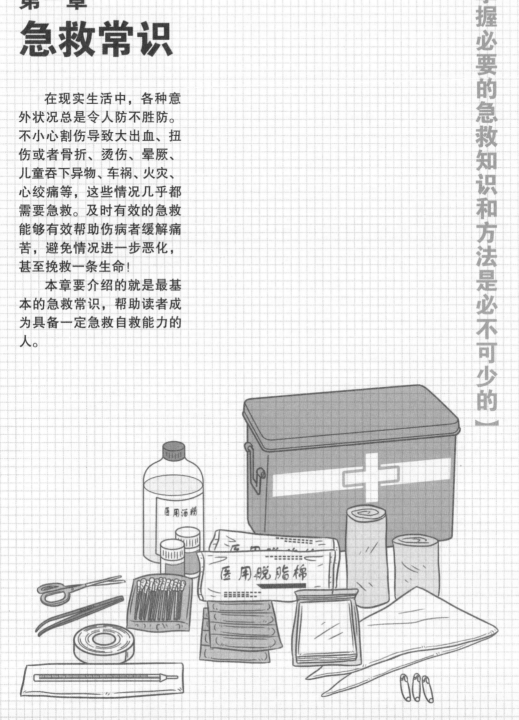

急救的基本常识

急救常识

常见的事故急救

公共场所事故急救

火灾中的急救

交通事故急救

动物造成伤害后的急救

中毒后的急救

户外活动中的急救

遇到人为危险时的自救

无论在任何情况下对伤病者实施急救，都要掌握科学有效的急救知识和方法。

什么是急救

所谓急救，指的是伤病者出现意外状况时，在救护车、医生或者其他专业人员到达之前对伤病者进行及时帮助和治疗的紧急救护措施。

在现实生活中，各种意外状况总是令人防不胜防。不小心割伤导致大出血、扭伤或者骨折、烫伤、晕厥、儿童吞下异物、车祸、火灾、心绞痛等，这些情况几乎都需要急救。及时有效的急救能够帮助伤病者缓解痛苦，避免情况进一步恶化，甚至挽救一条生命！

若要及时有效地对伤病者进行急救，掌握必要的急救知识和方法是必不可少的。一般情况下，大多数人都没有接受过专门的急救培训，但是我们可以通过书籍来学习。在本书中，我们将从最基本的急救常识开始，帮助读者具备一定急救自救能力。

急救的目的：

确保伤病者的生命安全；

控制伤病者的情况恶化；

帮助伤病者恢复。

急救中的注意事项：

要迅速判断伤病者的情况，及时寻求专业帮助（拨打 120 或送往医院）。

保护伤病者，尽可能消除周围潜在的风险。

根据自己的急救知识判断伤病者的伤情或病情（切忌不懂装懂）。

在多人同时伤病的情况下，从最严重的开始进行急救。

根据伤病者的严重程度，送往医院或回家休养。

陪同伤病者等待专业医疗人员的到来，帮助医疗人员了解伤病者情况。

无论现场情况如何，一定要保持沉着、冷静。

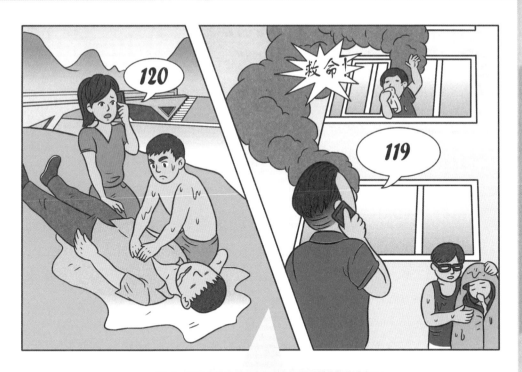

遇到紧急情况的时候，做好应急措施的同时，应寻求专业帮助

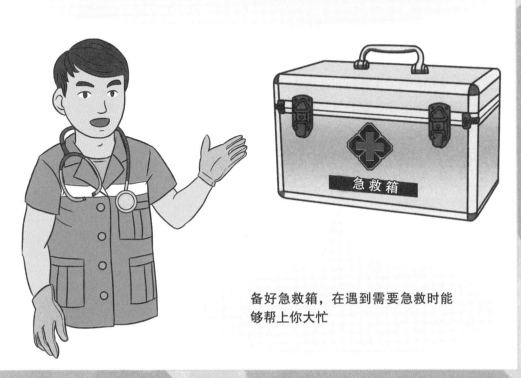

备好急救箱，在遇到需要急救时能
够帮上你大忙

急救所需的工具

急救常识

常见的事故急救

公共场所事故急救

火灾中的急救

交通事故急救

动物造成伤害后的急救

中毒后的急救

户外活动中的急救

自然灾害中的急救

遇到人为危险时的自救

　　许多伤病情况不仅需要相应的急救知识，还要使用相应的药品、医疗器材，我们将这些东西称为急救工具。

　　常备的急救工具

　　急救工具并不一定是特别专业的东西，大多数急救工具都可以从药店买到，也可以尝试自行制作一些急救工具作为备用。日常生活中常见的创可贴、纱布、镊子等都属于急救工具。

　　以下列出一些需要常备的急救工具：

　　·敷料，在必要的时候可以用来包扎伤口，保存的时候注意密封；

　　·创可贴，适合创伤较浅、伤口整齐干净、出血不多时使用，应备好不同尺寸的创可贴；

　　·纱布，可以用来包扎伤口，保存的时候注意密封，以免纱布沾染细菌；

　　·弹性绷带，用于关节处受伤时包扎或者保护，而且不影响关节活动；

　　·三角绷带，一般用于骨折或者扭伤时固定伤口；

　　·药棉，用来清理伤口或者消毒，注意密封保存；

　　·止痛药，伤者出现剧烈疼痛时可以缓解疼痛，注意用药禁忌；

　　·体温计，许多伤病会伴随着发热，备好体温计以便随时掌握伤病者的情况；

　　·镊子，用于清理伤口异物等；

　　·剪刀，用绷带包扎伤口的时候可能会用到；

　　·酒精，对伤口进行消毒时使用，也可使用其他消毒剂。

　　急救工具准备齐全之后，应当放置在专门的容器中，比如大容量且坚固耐用的箱子或者塑料收纳盒等。

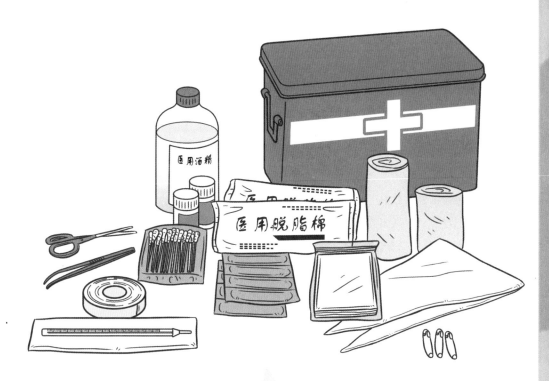

各种急救工具在急救箱中应当分门别类地放置妥当，
不仅应包括这些用于处理外伤的绷带、酒精、药棉等，
最好将一些心脏病、哮喘等突发性疾病所需的药物也
准备妥当，以备不时之需

家庭应备好急救箱

急救常识

常见的事 故急救

公共场所 事故急救

火灾中的 急救

交通事故 急救

动物造成 害后的急救

中毒后的 急救

户外活动 的急救

自然灾害 中的急救

遇到人为危 险时的自救

家用急救箱是针对家庭可能遇到的意外灾害准备的，不仅包括一些急救工具，还要考虑到更加充分的方面。

家用急救箱里放什么

一旦出现意外，无论是火灾、漏电等人为灾害还是地震等自然灾害，都可能会造成家庭成员受伤。学会利用急救箱中的物品进行急救自救，将会很大程度上保证全家人的安全。

首先，我们要了解清楚家用的急救箱中应放置哪些物品。

①**必要的急救工具**

日常所需的急救工具我们在前文中已经做过简单介绍，像绷带、纱布、创可贴、酒精、药棉等都是必不可少的，这里就不赘述了。

②**应急食品**

在出现天灾人祸时，足够的食品是人能量的来源，因此必不可少。应急食品与日常的食物有所不同，最好准备一些高能量、高营养的军用食品，如单兵自热食品、军用能量棒等。水是必不可少的，在家庭急救箱中放上几袋能够保存两三年的应急淡水将会起到非常重要的作用。充足的食品和饮用水能够保证在灾害发生时，家庭成员不至于忍饥挨饿，并保持体能。

③**求救工具**

我们知道，在大的自然灾害面前，救灾人员往往并不能立即找到受灾者的位置，这时求救工具就派上用场了。大多数求救工具都是通过声音或者光线来吸引救灾人员的注意，因此应事先准备好高光手电、高赫兹口哨或者荧光背心等物品。在遇到地震等自然灾害时，即使被掩埋在建筑物中，利用这些物品能及时吸引救灾人员的注意。

④**个人信息卡**

用于急救的个人信息卡要将家人的病史或者药物过敏等信息写在上面，这些信息可以节省抢救的时间。

准备好这些物品之后，别忘了将急救箱放置在便于拿到的位置，以便第一时间取用。

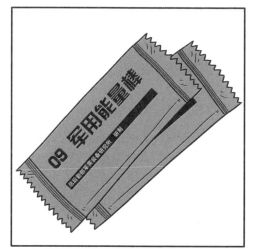

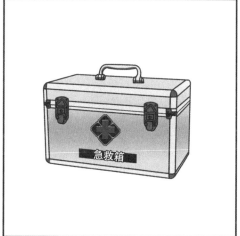

通常我们在准备急救箱的时候，往往会注重药物和医疗方面的物品而忽略了食品、工具和信息卡，事实上当遭遇诸如地震之类的灾害时，药品的需求并非那么迫切，反倒是一支手电筒就可能令你受到急救人员的注意

如何确认生命迹象

急救常识

常见的事故急救

公共场所事故急救

火灾中的急救

交通事故急救

动物造成伤害后的急救

中毒后的急救

户外活动的急救

自然灾害中的急救

遇到人为危险时的自救

伤病者情况严重的时候，急救人员应首先检查伤病者是否有生命迹象。

生命迹象是指伤病者还有呼吸和脉搏。在遇到紧急情况的时候，首先得确认伤病者是否有生命迹象，比如伤病者的呼吸道是否顺畅、脉搏是否仍在跳动。

检查伤病者的呼吸状况

对于急救人员来说，最紧急最重要的事情就是立即确保伤病者呼吸顺畅。正常情况下，如果人不能呼吸的话，几分钟内就可能对大脑造成严重损伤甚至脑死亡。

确认伤病者呼吸的方法很多：

①观察伤病者的胸部、腹部是否还在有规律地起伏；

②贴近伤病者的嘴巴和鼻子，听听伤病者是否还有呼吸的声音；

③用手指或脸靠近伤病者的鼻孔，感觉其是否还有呼吸。

如果伤病者此时仍能呼吸，接下来就可以检查伤病者的伤病情况了；若是伤病者已经没有呼吸，就必须立即为其提供氧气。

检查脉搏

伤病者的脉搏是其人体循环系统是否正常的直接反映。脉搏是大量血液进入动脉将动脉压力变大而使管径扩张产生的。通过检查脉搏大多都可以对伤病者的情况做出简单的判断。

检查伤病者脉搏的时候，把自己的一个手的食指、中指和无名指，放到伤病者手腕偏向大拇指的一侧。此外，还应检查伤病者的颈动脉，颈动脉是位于喉部两侧的大动脉。

在为伤病者检查脉搏的时候，急救人员自己首先要保持冷静，否则很容易出现误判。例如快速而微弱的脉搏是休克的症状，如果急救人员不能保持冷静，自己的心跳已经加快，脉搏强度比伤病者更强的话就很难感觉到。

贴近伤员口鼻听伤病者
是否在呼吸

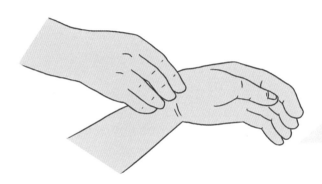

用食指、中指和无名
指检查伤病者手腕处
脉搏是否跳动

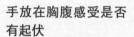

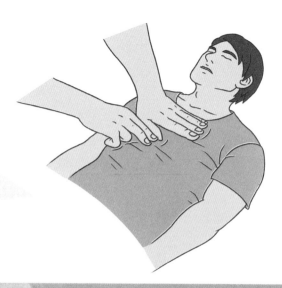

手放在胸腹感受是否
有起伏

基本的急救措施

急救常识

常见的事故急救

公共场所事故急救

火灾中的急救

交通事故急救

动物造成伤害后的急救

中毒后的急救

户外活动的急救

自然灾害中的急救

遇到人为危险时的自救

当伤病者出现紧急状况时，及时有效的急救措施可以很大程度上减轻伤病者的痛苦并为进一步抢救赢得时间。

人工呼吸

伤病者可能会因为各种原因造成呼吸困难甚至无法呼吸，此时需要立刻为其进行人工呼吸提供氧气。有人会好奇，人呼出的气体不是二氧化碳吗？实际上，其中包括的"二手氧气"依然足够人体使用，甚至能够挽救生命。

在进行人工呼吸的时候，要确保呼出的气体能够到达伤病者的肺部，这需要观察伤病者在接受人工呼吸时胸部是否会鼓起，若是没有鼓起，则要按照窒息急救的程序进行急救。后文中我们会具体介绍人工呼吸的方法。

胸部按压

胸部按压全称"胸外心脏按压"，是针对伤病者已经没有脉搏的情况下实施的，利用"心泵机制"帮助心室舒张，令血液流向动脉。

进行胸部按压需要急救人员接受过相应的训练，并且只有在伤病者的心跳完全停止的情况下才能使用。否则，如果伤病者原本还有微弱的心跳，很可能会因为外力的按压而停止。第二章中会专门介绍胸部按压的具体步骤和方法。

伤病者恢复的迹象

在进行了相应的急救措施之后，要明确伤病者是否有恢复生命的迹象，以便决定是否继续急救。通常情况下，如果伤病者肤色逐渐由青色、苍白、紫色转向较为红润的颜色，这就意味着急救措施已经生效。此外，心脏恢复跳动、伤病者开始呻吟或者身体有反应、能够自行呼吸等现象也说明生命迹象逐渐恢复。

胸部按压

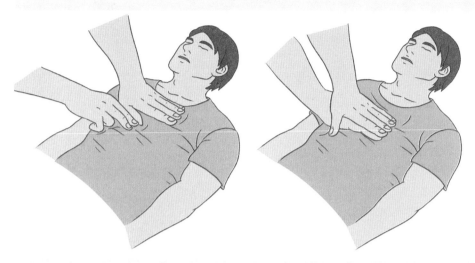

用口对口人工呼吸法紧急抢救

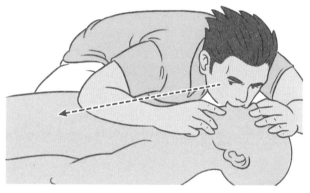

在进行人工呼吸的同时，注意观察伤者胸部是否鼓起

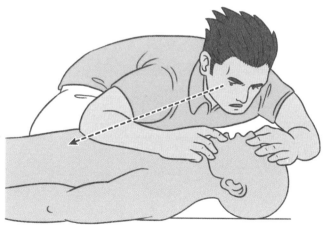

急救中应该注意的一些原则

即使掌握了一定的急救知识也不意味着就能在任何情况下对伤病者进行急救，一定要遵循急救中的一些原则。

急救的原则

在许多意外状况中，不仅会出现大量伤病者，而且复杂的环境可能会进一步造成人员伤亡。此时，作为一名急救人员，无论遇到多么复杂的现场情况，都要谨记急救的原则：

·要确保自身的安全。比如地震或者滑坡等自然灾害，往往会造成大量人员伤亡。急救人员到达现场时，必须先了解周围的环境，确保自身的安全，否则很可能欲速则不达。

·确保伤病者离开险境。如果现场的环境可能出现二次伤害，那么必须要及时将伤病者转移到安全的地方。

·及时检查伤病者的情况。在安全的环境下，对伤病者进行检查，并判断实际情况。

·有必要的话立即进行急救。这是急救中非常重要的一环，一旦确定了伤病者的情况需要急救，必须立即根据自己掌握的急救知识对其进行急救。

·只做自己力所能及的事情。无论急救人员了解多少急救知识，都必须清楚的一点是，跟随救护车而来的医务人员比所有外行的急救人员更加专业。

除此之外，还有一些其他事项也需要留意。不能对伤病者的状况妄下诊断，大多数急救人员都不是专业的医务人员，对医疗知识的了解远不如医生，详细的诊断在伤病者送到医院之后会由专业的医生来做；不要对伤病者随意使用绷带或者其他不必要的急救工具，只需实施基本的急救措施即可。

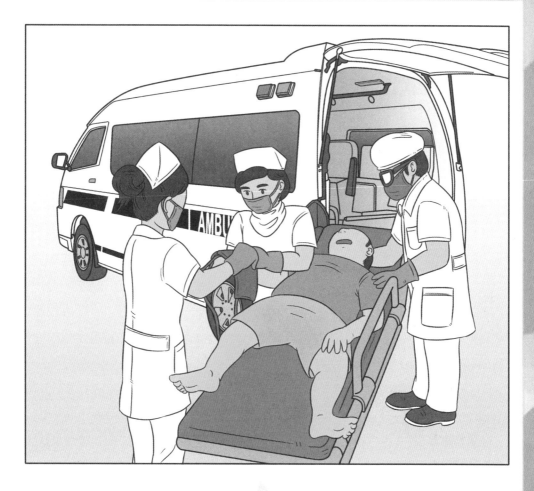

无论在什么情况下，都要谨记急救的几个原则，在完成基本的急救措施之后，切勿对伤病者的病情妄下判断，这些事情等到专业的医务人员来做（这点非常重要，许多急救人员在掌握了一定的急救知识之后，会认为自己已经具备了治疗他人的能力，事实并非如此，判断失误很容易引起伤病者出现各种并发症，增加伤病者的危险）

紧急事故的处理措施

所谓紧急事故，就是严重的交通事故、突发火灾等意外状况，此时对急救人员的要求更高。

检查伤者的伤势

发生紧急事故以后，急救人员必须尽快检查伤者的伤势，并确认其情况。主要检查以下几个方面：

· 检查伤者是否还有呼吸；

· 检查伤者的呼吸道是否畅通；

· 检查伤者的脉搏是否跳动；

· 确认伤者的心跳是否停止；

· 检查伤者是否有严重出血；

· 检查伤者是否已经休克。

紧急施救

针对伤者的不同伤势，应当立即针对性地进行急救。

· 如果伤者无法呼吸，帮助伤者进行人工呼吸；

· 若是伤者的呼吸道梗阻，应立即清理呼吸道；

· 若是心脏停止跳动，要立即进行胸外按压；

· 如果伤者大出血，则要立即止血；

· 若是伤者已经出现休克早期的表现，应及时采取措施避免休克进一步发展。

在帮助伤者进行了急救之后，如果确定伤者暂时没有生命危险或者伤势进一步恶化时，应立即寻求帮助。同时要安抚伤者，鼓励其神志清醒和保持希望。还有一些特殊情况需要注意，除非伤者是严重烧伤，否则不要让伤者进食和饮水；更不要因为伤者的恐慌而影响到急救措施的实施。

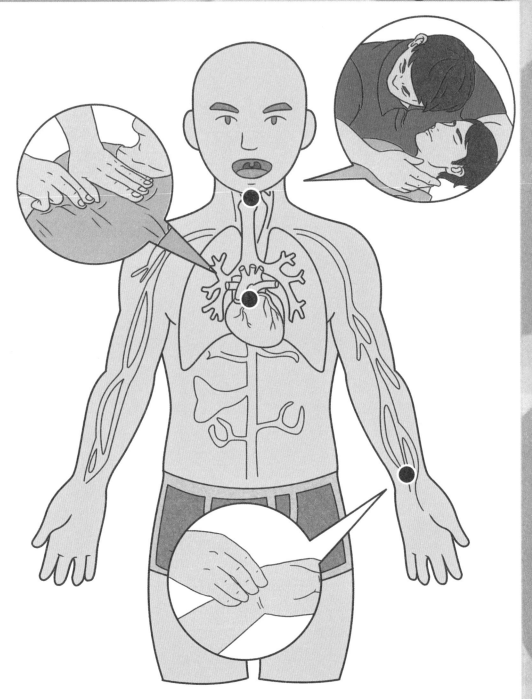

紧急事故的处理把握好两个步骤：检查伤势和紧急施救，注意了解不同伤势的禁忌和学习最恰当的处理方式

急救常识

常见的事
故急救

公共场所
事故急救

火灾中的
急救

交通事故
急救

动物造成伤
害后的急救

中毒后的
急救

户外活动
的急救

自然灾害
中的急救

遇到人为危
险时的自救

搬动伤者时应注意哪些事项

急救人员在对伤者进行急救之前，首先应保护好伤者的身体，尽可能让伤者处于比较舒适的位置。

什么情况下需要搬动伤者

一般而言，当急救人员发现伤者之后，需要确定能否很快获得医疗援助并且伤者所处的环境很可能遇到二次伤害。像下面几种情况：

· 车流量很大的公路上，为了避免造成交通阻塞或者引起车祸。

· 在危险的建筑物中，比如房屋已经起火或者有可能坍塌。

· 其他危险的环境，比如充满煤气或其他毒气的房间、滑坡现场等。

搬动伤者时的注意事项

在明确需要搬动伤者时，急救人员还要判断伤者伤势，尤其是脖子和脊椎部位。尽量对伤者受伤的部位稍加支撑固定以后再进行移动。若是无法确定伤者的伤势情况，则按照发现伤者时的姿势移动伤者。

如果伤者是因为遭到外力挤压受伤，那么最好不要移动他，否则会给伤者造成更严重的伤害。

在移动伤者之前，尽量寻找援助，最好不要一个人移动伤者。

除此之外，在搬动之前还应确定伤者身高体重以及将要搬动的距离、需要经过的地形等因素。

搬动伤者时不仅需要注意保护伤者，急救人员自身也要做好几个基本原则：

· 搬动伤者时两脚分开，保持平稳站立；

· 双膝弯曲半蹲，不要弯腰；

· 保持背部挺直；

· 双手抓紧伤者的身体；

· 由双腿慢慢用力，将伤者背起，注意用肩膀支撑伤者；

· 不要试图单独搬动体重过重的伤者。

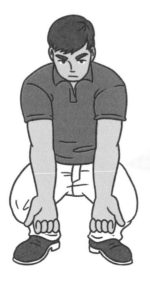

搬动伤者的时候，应注意自己的姿势，保持平稳，否则一旦自己失去重心，可能会对 伤者造成进一步伤害

如果无法搬动伤者，可以尝试用拖动的方式。将伤者的双手交叉，把衣物垫在伤者头部下，两手扶住伤者腋下或抓住衣物边缘缓缓拖动伤者

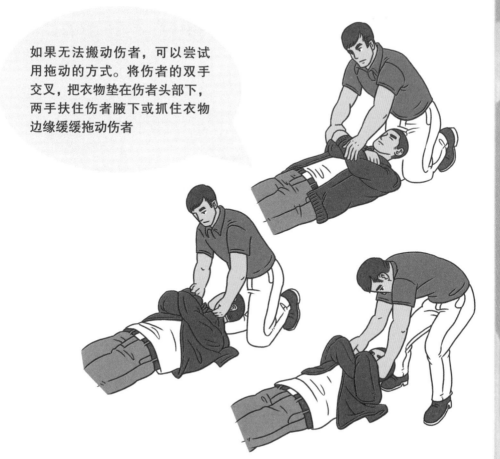

急救常识

常见的事故急救

公共场所急救

火灾中的急救

交通事故急救

动物造成伤害后的急救

中毒后的急救

户外活动的急救

自然灾害中的急救

遇到人为危险时的自救

如果现场只有一名急救人员

当伤者已经无法自己行走，而现场又没有足够的人手能够帮助搬动伤者时要怎么办呢？

可以通过拖动、肩扛等方式来转移伤者。

·拖动伤者

首先将伤者的手臂在其胸前交叉；将伤者身上的外套卷起至头部下方，避免头部在拖动过程中受到伤害；蹲在伤者身后，抓住伤者肩部的衣服，慢慢拖动，如果伤者没有穿外套的话，可以用双手挽住伤者腋窝拖动。

·扛起伤者

在必要的时候，尤其是紧急情况下，需要立即转移伤者时，可以采用肩扛的方式，但这种方法只适合对儿童或者体重较轻者。

首先帮助伤者站起；用右手握住伤者侧腰；急救者身体微微前倾，膝盖弯曲，将右肩抵在伤者腹股沟下，将伤者扛起，并令其自然地伏在急救者的肩背上；右臂环抱伤者腿部加以固定；最后站起身来，调整伤者的姿势，尽量保持平稳。

选择肩扛伤者的时候，注意要尽量令伤者自然地伏好，并保持平稳

第二章
常见的事故急救

　　事故中，最常见的有呼吸骤停、体外出血、骨折、触电等，此时如果不能及时进行急救，伤病者将会有生命危险。

　　本章要介绍的就是现场采取积极措施保护伤员生命，缓解伤情、减轻痛苦，并根据伤情需要，迅速联系医疗部门救治。

【现场急救的首要原则是抢救生命】

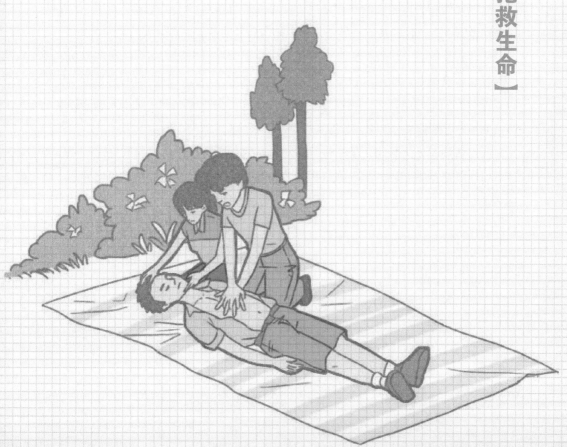

呼吸骤停时的现场急救

急救常识

常见的事故急救

公共场所事故急救

火灾中的急救

交通事故急救

动物造成伤害后的急救

中毒后的急救

户外活动的急救

自然灾害中的急救

遇到人为危险时的自救

外伤、触电、溺水、中暑等都会造成伤病者呼吸骤停，此时如果不能及时进行急救，伤病者会在几分钟之内因脑组织缺氧而死亡。

呼吸骤停的急救方法

通常对呼吸骤停的伤病者最为有效的急救方法就是立即人工帮助其迅速恢复呼吸功能，即通常人们所说的人工呼吸。

常见的人工呼吸方法有：口对口吹气法、口对鼻吹气法、举臂压胸法、举臂压背法等。其中最有效、最简单的便是口对口吹气法。

在进行人工呼吸之前，首先要清除伤病者口腔中的异物，确保呼吸道畅通。首先将伤病者平放，令其头部后仰或旁侧，防止伤病者在无意识状态下舌头下坠堵塞呼吸道。然后迅速用一根手指深入伤病者口中掏一圈，掏净呕吐物、泥土等。

清理完伤病者口腔中的异物之后，就可以进行口对口人工呼吸了。用一只手捏住伤病者的下巴，轻轻托起；另一只手捏住伤病者的鼻子，确保氧气能进入肺里。

急救人员深吸一口气，俯身将嘴贴住伤病者的嘴，吹气的同时注意观察伤病者的胸腔是否会鼓起。吹进一口气之后，嘴巴立刻离开，待看到鼓起的胸腔落下，说明吹进肺部的气已经排出，可以接着吹下一口气。一般情况下，对成人每分钟吹气14~16次，儿童则吹气30次左右。

若是伤病者牙关紧闭，无法进行口对口吹气法，可采用口对鼻吹气法。要领与口对口吹气法基本相同，只是吹气部位改为鼻孔。吹气前同样要清除鼻内异物，防止堵塞呼吸道。

口对口人工呼吸法

①让伤病者仰卧，头部后仰，保持呼吸道畅通
②用右手捏住伤病者鼻子，对准其嘴部用力吹气
③当看到伤病者胸部鼓起，就暂时停止，让伤病者脸向一侧呼气
②③每隔 5 秒重复一次，反复操作

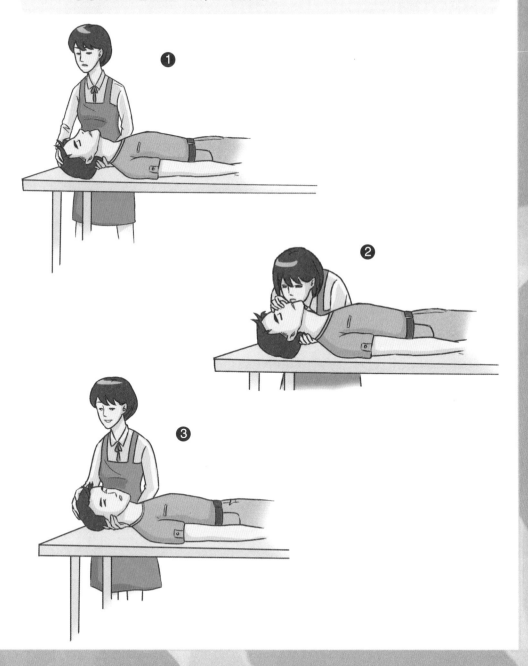

心脏骤停时的现场急救

急救常识

常见的事故急救

公共场所事故急救

火灾中的急救

交通事故的急救

动物造成伤害后的急救

中毒后的急救

户外活动的急救

自然灾害中的急救

遇到人为危险时的自救

胸外心脏按压法

心脏骤停是指心脏射血功能突然中止，会造成重要器官（如大脑）严重缺血、缺氧，抢救不及时的话会有致命危险。心脏骤停往往非常出乎意料，医学上也叫猝死。

对普通人来说，无论遇见什么意外状况，一旦发现伤病者的心脏停止跳动了，就会认为这个人已经没法救治了。事实上，根据医学研究成果和无数实例证明，如果是心脏骤停的话，只要救治及时，还是有很大的生还希望。

对心脏骤停者进行有效急救的方法叫作胸外心脏按压法。

具体步骤如下：

·让病人平躺在硬板床或平整的地面，保持其镇静、舒适，解开其贴身衣扣。

·检查病人口中是否有异物，如果有假牙的话一定要摘下来，防止其窒息。

·进行胸外按压时施救者双手掌掌根重叠，手指相扣，手心翘起，放在病人胸骨下三分之一处，用手臂的力量持续有节奏地挤压，节律以每分钟 100 次为宜。

按压的过程中，要保持力度能将伤病者胸骨压下 4~5 厘米。过重的话，会致使肋骨骨折，造成新的危险；压得过轻，挤压不到心脏，急救没有效果。因此，胸外心脏按压的力度掌握是急救成功与否的关键。对小孩进行急救的时候，需要把握好两点，按压速度更快一点，按压力度更轻一点。

双手重叠按压

用力加压使伤病者胸骨下陷 4~5 厘米，立即放松，反复进行

正确的位置是胸骨中央下三分之一处

即使伤病者并没有恢复生命的迹象，救治者也不能放弃，应持续施行胸外按压 1 小时，若是身边有其他人，可以轮流进行

急救常识

常见的事故急救

公共场所事故急救

火灾中的急救

交通事故急救

动物造成伤害后的急救

中毒后的急救

户外活动的急救

自然灾害中的急救

遇到人为危险时的自救

心肺复苏法

当伤病者同时发生心脏骤停和呼吸停止时，需要同时进行胸外心脏按压和人工呼吸，也就是心肺复苏。

如果有两名急救人员在场的话，可以采取双人心肺复苏法进行急救，即两人分别进行胸外心脏按压和人工呼吸。需要注意的是要两人做好配合，一人做了5次胸外心脏按压之后，另一人做口对口人工呼吸一次。保持这样的频率，反复进行，直到伤病者恢复呼吸、心跳或者医生确认已经无法救回为止。

如果只有一个人在场的话，虽然急救会更加艰难，但也可以完成。此时，急救者每按压伤病者心脏15次，就转身去进行人工呼吸，连续吹气两次，接着继续按压心脏。如此反复操作，也可能挽救回伤病者的生命。

如果是对小孩进行心肺复苏抢救，处理的方式和上述一样，不过应适当加快速度，按压的力量也要更小一些。

最为重要的一点，无论是人工呼吸还是心脏按压，成功的关键是快而准。动作要快、判断要准，展开急救越早越好！

心肺复苏法（两人操作）

一人进行 5 次心脏按压，另一人注意保持伤病者呼吸道畅通
第 5 次心脏按压结束时，另一人立即进行一次人工呼吸

心肺复苏法（一人操作）

连续进行 2 次人工呼吸
接着进行 15 次心脏按压

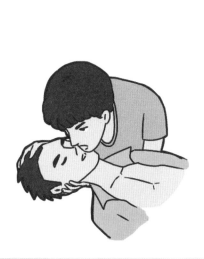
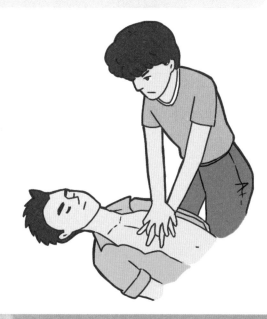

体外出血的急救

急救常识

常见的事
故急救

公共场所
事故急救

火灾中的
急救

交通事故
急救

动物造成伤
害后的急救

中毒后的
急救

户外活动
的急救

自然灾害
中的急救

遇到人为危
险时的自救

体外出血的几种状况

轻伤

轻伤一般有擦伤和挫伤两种情况。擦伤只是表皮受伤，是由于摩擦或磨损造成的，流血量很小；挫伤的伤口刚刚深入到表皮下，通常会造成皮肤开裂或瘀青，不会大量流血。

重伤

重伤的情况更多一些，造成的伤害也更加严重，切伤、撕伤、刺伤、穿孔伤等都属于重伤。

切伤是由于利器切割造成的伤口，往往会大量出血，如果切到了动脉或静脉，甚至会出现生命危险。

撕伤的伤口形状不规则，一般是被钝器戳伤，但这种伤口比较难处理，严重的情况会产生大量出血。

刺伤是较细的物体造成的伤口，这种伤口面积虽小但却很深，很难止血，尤其是当伤口内仍残留有刺穿物时，可能会带来严重的体内出血现象，危及生命。

穿孔伤是被利器直接穿透身体某一部位造成的，如尖刀、枪弹等，如果穿透部位靠近要害，很可能当场死亡，就算避开要害，也会引发严重的流血现象。

体外出血很容易感染。擦伤、挫伤、切伤、撕伤的伤口感染很容易发现，也容易处理。刺伤和穿孔伤的伤口比较深，容易发生严重感染，非常危险。

各种伤口

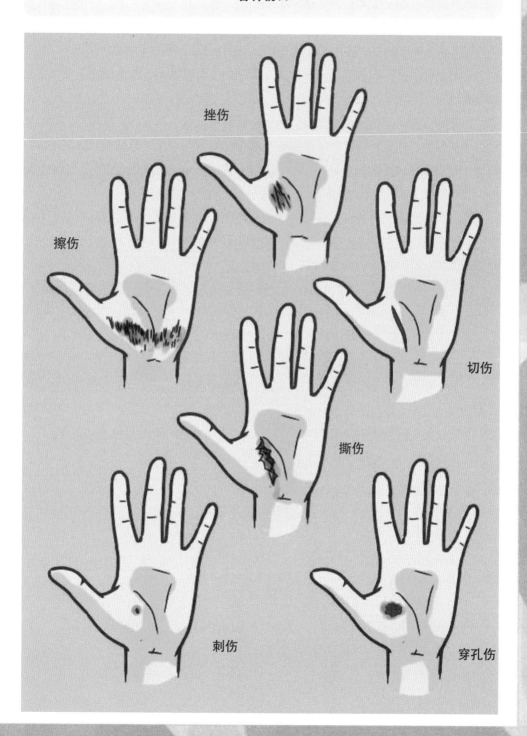

挫伤

擦伤

切伤

撕伤

刺伤

穿孔伤

急救常识

故急救 常见的事

事故急救 公共场所

急救 火灾中的

急救 交通事故

害后的急救 动物造成伤

急救 中毒后的

的急救 户外活动

中的急救 自然灾害

险时的自救 遇到人为危

止血的方法

人体内约有 5 升血液。平时有 80% 的血液在心脏和血管中流动，以维持正常的生理功能，还有 20% 的血液储存在肝、脾等脏器中。

如果是体外出血，一般有毛细血管出血、动脉出血、静脉出血几种情况。

毛细血管出血为少量流血，通常是慢慢往外渗出或滴出，出血量并不大，不会有很大危险。

如果外伤造成了动脉血管破裂，血液会在心脏收缩的压力下，按照心脏的跳动频率喷涌而出。动脉出血属于紧急事故，如果没有急救人员及时处理的话，伤者会因为大量失血导致血液循环停止，出现休克，造成大脑和心脏供血不足，带来生命危险。一般情况下，动脉破裂的出血量比血管完全断裂的出血量少。

静脉的血液流动比较缓慢，因此静脉出血没有动脉出血严重，但如果是大静脉出血，血液也会喷涌而出。从动脉血管流出的血液颜色是鲜红的，从静脉血管流出的血液颜色是暗红的。

无论哪种出血情况，尤其是伤口较大时，及时处理是非常必要的。具体做法如下：

·用手或手指直接按压伤口；

·如果伤口很大，分别按压伤口两侧，将伤口压合；

·找出身边最适合止血的工具，比如一块干净的手帕；

·如果伤者的四肢受伤流血，应将受伤的肢体抬高，若已经有骨折的迹象，在处理伤口的时候必须非常小心；

·通过按压的方式能够止血的话，接着就对伤口周围用药剂进行清洁消毒；

·消毒之后，用棉垫或纱布覆盖伤口，然后用绷带进行包扎。

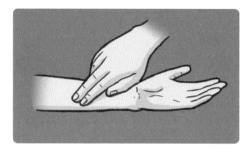

A. 按压伤口

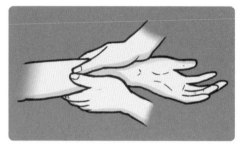

B. 压合伤口

C. 抬高受伤的肢体

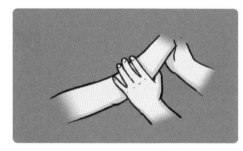

D. 用棉垫覆盖

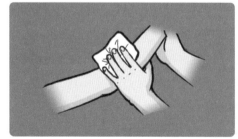

E. 包扎伤口

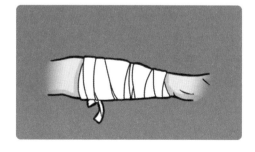

指压止血法

急救常识

常见的事故急救

公共场所事故急救

火灾中的急救

交通事故急救

动物造成伤害后的急救

中毒后的急救

户外活动的急救

自然灾害中的急救

遇到人为危险时的自救

指压止血法是一种最方便及时的应急止血方法，主要用于动脉出血。指压止血法是动脉出血最迅速的一种临时止血法，是用手指或手掌在伤部上端、出血的血管上方（近心端），用力将动脉压迫于骨骼上，使血管被压闭住，来阻断血液通过，以便立即止住出血。但指压止血法仅限于身体较表浅的部位、易于压迫的动脉。

常见的可采取指压止血法的部位如下：

头部压迫止血法：压迫耳前的颞浅动脉，适用于头顶前部出血。面部出血时，压迫下颌角前下凹内的颌外动脉。头面部较大的出血时，压迫颈部气管两侧的颈动脉，但不能同时压迫两侧。

颞动脉压迫止血法：用于头顶及颞部动脉出血。方法是用拇指或食指在耳前正对下颌关节处用力压迫。

颌外动脉压迫止血法：用于肋部及颜面部的出血。用拇指或食指在下颌角前约半寸外，将动脉血管压于下颌骨上。

颈总动脉压迫止血法：常用在头、颈部大出血而采用其他止血方法无效时使用。方法是在气管外侧，胸锁乳突肌前缘，将伤侧颈动脉向后压于第五颈椎上。但禁止双侧同时压迫。

锁骨下动脉压迫止血法：用于腋窝、肩部及上肢出血。方法是用拇指在锁骨上凹摸到动脉跳动处，其余四指放在病人颈后，以拇指向下内方压向第一肋骨。

肱动脉压迫止血法：此法适用于手、前臂和上臂下部的出血。止血方法是在病人上臂的前面或后面，用拇指或其余四指压迫上臂内侧动脉血管搏动处，将动脉压向肱骨，达到止血的目的。

股动脉压迫止血法：此法适用于下肢出血。止血方法是在腹股沟（大腿根部）中点偏内，动脉跳动处，用两手拇指重叠压迫股动脉于股骨上，制止出血。

手部压迫止血法：如手掌出血时，压迫桡动脉和尺动脉。手指出血时，压迫出血手指的两侧指动脉。

足部压迫止血法：足部出血时，压迫胫前动脉和胫后动脉。

需要注意的是，一般小动脉和静脉出血可用指压止血法，同时，这也仅仅是一种临时的止血方法，并不能长时间使用。在进行指压止血之后，应及时包扎伤口。

按压颞浅动脉

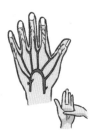
按压桡动脉和尺动脉

按压颌外动脉

按压指动脉

按压颈总动脉

按压股动脉

按压锁骨下动脉

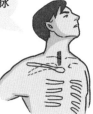

按压肱动脉

按压胫前动脉和胫后动脉

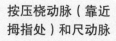
按压桡动脉（靠近拇指处）和尺动脉

四肢出血时如何包扎

急救常识

常见的事故急救

公共场所事故急救

火灾中的急救

交通事故中的急救

动物造成伤害后的急救

中毒后的急救

户外活动中的急救

自然灾害中的急救

遇到人为危险时的自救

用止血带包扎伤口

使用止血带是一种非常行之有效的止血方式,所用的止血带并不限于专门的医用止血带,橡皮管、三角巾、手帕等均可以当作止血带使用。当四肢出现大伤口时,可以用止血带勒住伤口以上的肢体,通过挤压血管来止血。

使用止血带止血时,必须注意以下几点:

·选好止血带。止血带最好采用弹性较好的橡皮管,一般长度约 1 米。在使用止血带之前,肢体处最好用毛巾或衣物等织物进行衬垫,以免勒紧时绞伤皮肤和肌肉。

·使用止血带。从止血带中段选择适当长度,绕肢体 2~3 周,借助橡皮管的弹力紧紧压迫血管,阻断血流,达到止血的目的。

·定时松解。由于用止血带止血时,会完全阻断受伤肢体的血液流动,因此绑扎的时间太长的话,可能会导致受伤肢体坏死,所以用止血带绑扎以后,每隔 30 分钟左右应当放松 1 次,放松时间以 1 分钟左右为宜。保险起见,可以在止血的时候在止血带上标明止血的时间。

·尽快送往医院。使用止血带止血只是一种临时的应急措施,而不是治疗方式。因此,在用止血带对伤者的肢体进行止血以后,应尽快将伤者送往医院进行治疗,使用止血带绑扎的时间越短越好。

注意: 止血带止血法仅限于四肢出血时用来止血。

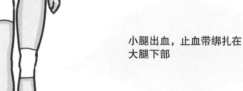

上肢较高位置出血，止血带绑扎在上臂上部

前臂出血，止血带绑扎在上臂下部

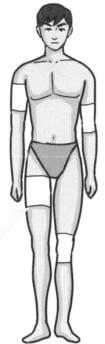

下肢较高位置出血，止血带绑扎在大腿上部

小腿出血，止血带绑扎在大腿下部

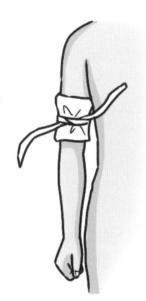

❶
在绑扎止血带前，先衬一层软布保护皮肤

❷
止血带应打成活扣，便于松开

❸
止血带环绕肢体紧紧缠绕

❹
止血带缠紧至不再流血即可，不能过松也不宜过紧

用三角巾包扎外伤伤口

急救常识

故急救 常见的事

事故急救 公共场所

急救 火灾中的

急救 交通事故

害后的急救 动物造成伤

急救 中毒后的

的急救 户外活动

中的急救 自然灾害

险时的自救 遇到人为危

　　人们在受伤的情况下，不管是切割伤、烧烫伤、摔伤、碰撞伤，只要是造成伤口和创面，就必须及时包扎伤口，保护创面。包扎好伤口不仅能保护伤口、避免感染，而且还可以固定一些药物敷料，促进伤口愈合。

　　用来包扎的材料有纱布、绷带、三角巾等。紧急情况下，毛巾、手帕、衣服也可以作为临时包扎的材料。这里我们着重介绍使用三角巾进行包扎。三角巾包扎面积大，应用灵活，各种部位受伤均可使用，对较大的伤口和多处受伤更宜用三角巾包扎，而且三角巾的材料可就地取材，用干净的衣物、被单、头巾、毛巾等做成三角的形状即可。

　　不同部位的伤口包扎方法有一定差异，下面就介绍几种常用的包扎法：

　　·头顶包扎。可以选择三角巾等织物进行包扎，先将三角巾向内折起约两指宽，放在前额，底边齐眉；三角巾顶角向后盖在头顶上，并把两底角向后拉，在头后部左右交叉，压住顶角，再绕回前额部打结；将头顶部多余的顶角向后翻卷，塞入边缝中。

　　·眼部包扎。先将三角巾折成 6 ~ 8 厘米宽的带状，斜盖在一侧伤眼上；三角巾的下部从同侧耳下绕过头后部，再经另一侧耳上方绕回到前额部；用手压住三角巾的另一底角，将被压的一角翻下来，盖住另一侧伤眼，再绕到耳后或头后部打结。

三角巾的制作

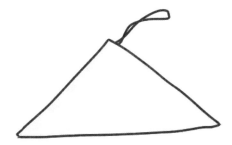

头部包扎

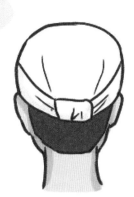

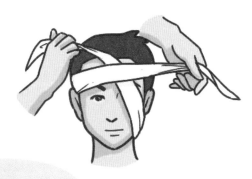

眼部包扎

急救常识

常见的事故急救

公共场所事故急救

火灾中的急救

交通事故急救

动物造成伤害后的急救

中毒后的急救

户外活动的急救

自然灾害中的急救

遇到人为危险时的自救

·胸部和背部包扎。胸部包扎，先把三角中的顶角放在伤侧的肩上，再把左右两个底角拉到背后打结，然后再与顶角打结；背部包扎，包扎方法基本与此相同，只是位置相反，将结打在胸前。

·上肢和肩部包扎。将三角巾底边中央放在伤肩上臂，顶角朝向头部，两个底角平绕上臂一圈，在外侧打结；用另一条三角巾将前臂承托并悬吊在胸前。

·腹部包扎。先将三角巾顶角朝下，放在一侧大腿根部下方；拉紧三角巾双侧底角，绕到后腰打结；再把顶角绕过会阴部到臀部与之打结，如三角巾不够长，可再连接一段绷带。

·手足包扎。把手或足放在三角巾上，指尖或趾尖对准三角巾的顶角，先将顶角向上覆盖在手背和足背上；拉紧两侧底角，向内交叉，在手腕或足踝部打结。

若是其他一些部位受伤，如前臂、腿部、膝盖，也可参照上述，针对不同的部位选择合适的包扎方法即可。

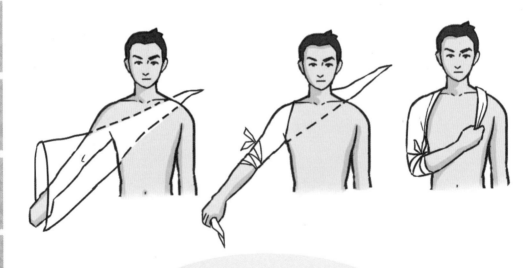

上肢包扎

胸部包扎

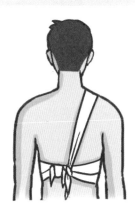

腹部包扎

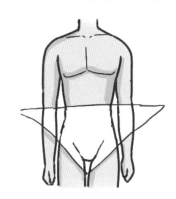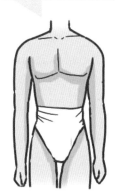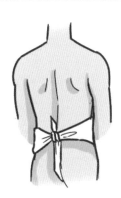

足部包扎

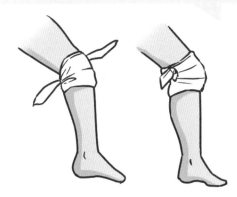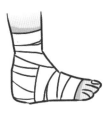

休克以后怎样进行抢救

急救常识

故急救 常见的事

公共场所 事故急救

急救 火灾中的

急救 交通事故

害后的急救 动物造成伤

急救 中毒后的

的户外活动 的急救

中的急救 自然灾害

险时的自救 遇到人为危

休克是一种急性循环功能不全综合征。休克病人表现为血压下降，心率增快，脉搏细弱，全身乏力，皮肤湿冷，面色苍白或静脉萎陷（静脉异常缩小变得扭曲及凹陷的一种症状），尿量减少。休克开始时，病人意识尚清醒，如不及时抢救，则可能表现为烦躁不安，反应迟钝，神志模糊，进入昏迷状态甚至导致死亡。

应该明确，休克不是一种独立的疾病，休克可能由多种原因引起，常见的类型和病因有低血容量休克、感染性休克、心源性休克、过敏性休克、神经源性休克等。在休克的过程中，机体最重要的器官如脑、心、肝、肾、肺等，也是受害最早、最严重的器官，尽管引起休克发生的病因与类型有所不同，但最终结果都是导致组织缺血、缺氧、微循环瘀滞、代谢紊乱和脏器功能障碍甚至衰竭。

值得特别注意的是一旦发现病人出现休克时，应分秒必争，立即拨打120呼救或送至附近医院抢救，因为仅仅通过简单的急救是不可能完全治疗休克的。在医生赶来或送入医院之前，可以采用以下方法进行抢救：

·令病人平卧，下肢稍抬高，以利于大脑血流供应，但伴有心衰、肺水肿等情况出现时，应取半卧位；

·应注意保暖和保持呼吸道通畅，以防发生窒息；

·避免随意搬动，以免增加心脏负担，使休克加重；

·如因过敏导致的休克，应尽快脱离致敏场所和致敏物质，并给予备用脱敏药物（如氯苯那敏片）口服；

·有条件要立即吸氧，对于未昏迷的病人，应酌情给予含盐饮料；

·可针刺或指压人中、百会、合谷、内关、涌泉等穴位，不可随意使用强心剂等药品。

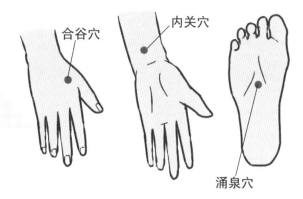

通过按压或针刺手部、足部的一些穴位，能够对人体进行刺激，起到一定的效果

合谷穴

内关穴

涌泉穴

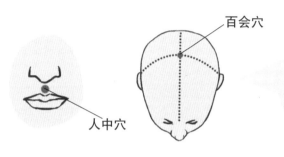

百会穴

人中穴

人中和百会是人体两个重要的急救穴位

休克急救要点：
①保持呼吸
②抬高下肢
③保暖

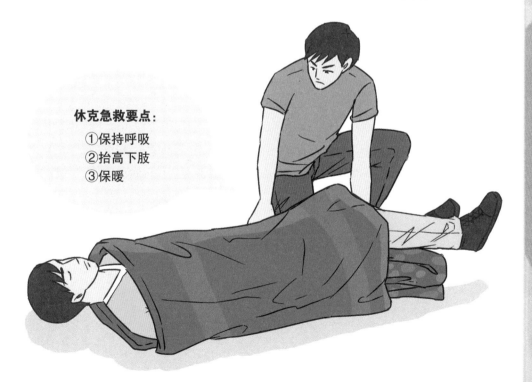

骨折时的救护方法

急救常识

常见的事故急救

公共场所事故急救

火灾中的急救

交通事故中的急救

动物造成伤害后的急救

中毒后的急救

户外活动的急救

自然灾害中的急救

遇到人为危险时的自救

骨折是常见的、较为严重的突发损伤之一。一旦从高空坠落或者被高空坠落的石块砸伤，就有可能造成骨骼发生或轻或重的骨折。骨折除骨头本身折断之外，还会连带周围的肌肉、血管、神经等组织的损伤。如果现场处理不及时或者方法不当，不仅增加伤者的痛苦，还有可能导致残疾或死亡。因此，具备识别、处理骨折的常识和技能的话，无论对自己还是对同伴都是非常有益的。

处理骨折的要点：

抢救生命

严重创伤现场急救的首要原则是抢救生命。如发现伤员心跳、呼吸已经停止或濒于停止，应立即进行胸外心脏按压和人工呼吸；昏迷病人应保持其呼吸道通畅，及时清除其口咽部异物；病人有意识障碍可针刺其人中、百会等穴位；开放性骨折伤口处可能有大量出血，一般可用敷料加压包扎止血。严重出血者若使用止血带止血，一定要记录开始使用止血带的时间，每隔30分钟应放松1次（每次1分钟左右为宜），以防肢体缺血坏死。如遇以上有生命危险的骨折病人，应尽快送往医院救治。

伤口处理

开放性伤口的处理除及时恰当地止血外，还应立即用消毒纱布或干净布包扎伤口，以防伤口被继续污染。伤口表面的异物要取掉，外露的骨折端切勿推入伤口，以免污染深层组织。有条件者最好用高锰酸钾等消毒液冲洗伤口后再包扎、固定。

骨折固定的方式

锁骨骨折
用三角巾吊起上臂，
固定在胸前

胸部骨折
垫上毛巾，用三角巾环
绕胸部打结固定

脚踝骨折
用坐垫等稍硬一些的东西作为夹
板包扎

急救常识

故急救 常见的事

事故急救 公共场所

急救 火灾中的

急救 交通事故

害后的急救 动物造成伤

急救 中毒后的

的急救 户外活动

中的急救 自然灾害

险时的自救 遇到人为危

简单固定

现场急救时及时正确地固定断肢，可减少伤员的疼痛及周围组织继续损伤，同时也便于伤员的搬运和转送。急救时的固定是暂时的，因此，应力求简单而有效，不要求对骨折处准确复位；开放性骨折有骨端外露者更不宜复位，而应原位固定。急救现场可就地取材，如木棍、板条、树枝、手杖或硬纸板等都可作为固定器材，其长短以固定住骨折处上下两个关节为准。如找不到固定的硬物，也可用布带直接将伤肢绑在身上，骨折的上肢可固定在胸前，使前臂悬于胸前；骨折的下肢可同健肢固定在一起。

必要止痛

严重外伤后，强烈的疼痛刺激可引起休克，因此应给予必要的止痛药，如口服止痛片，也可注射止痛剂。

安全转运

经以上现场救护后，应将伤员迅速、安全地转运到医院救治。转运途中要注意动作轻稳，防止震动和碰坏伤肢，以减少伤员的疼痛，注意其保暖和适当的活动。

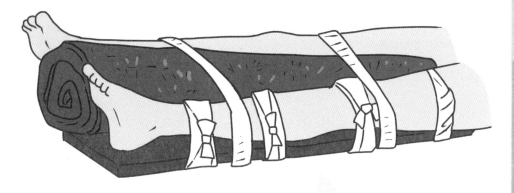

小腿骨折
固定在大腿至脚踝处，两腿并起
后用绷带固定

上臂骨折
骨折处用夹板固定，前
臂弯曲后用三角巾把上
臂固定在胸前

手腕或前臂骨折
用夹板固定后吊在胸前

大腿骨折
夹板的长度应为从腋下至
足跟，这样才能确实牢固
地固定

高处坠落后如何急救

急救常识

常见的事故急救

公共场所事故急救

火灾中的急救

交通事故急救

动物造成伤害后的急救

中毒后的急救

户外活动中的急救

自然灾害中的急救

遇到人为危险时的自救

在人们日常工作或生活中，尤其是建筑施工和电梯安装等高空作业，往往会发生高空坠落的事故，高空坠落会造成许多伤势，除直接或间接的器官受伤外，还有昏迷、呼吸窘迫、面色苍白等症状，可导致胸、腹腔内脏组织器官发生广泛的损伤，严重者当场死亡。

高空坠落时，足或臀部先着地，外力沿脊柱传导到颅脑而致伤；由高处仰面跌下时，背或腰部受冲击，可引起腰椎前纵韧带撕裂、椎体裂开、椎弓根骨折或脊髓损伤。脑干损伤时常有较重的意识障碍、光反射消失等症状，也可有严重并发症的出现。

若发生高空坠落事故，一些必要的急救能极大地缓解伤者的痛苦：

·去除伤者身上的用具和口袋中的硬物。

·在搬运和转送过程中，颈部和躯干不能前屈或扭转，而应使脊柱伸直，绝对禁止一个抬肩一个抬腿的搬法，以免发生或加重截瘫。

·创伤局部妥善包扎，但对怀疑颅底骨折和脑脊液漏的伤者切忌作填塞，以免导致颅内感染。

·颌面部伤者首先应保持呼吸道畅通，撤除假牙，清除组织碎片、血凝块、口腔分泌物等，同时松解伤员的颈、胸部纽扣。

·复合伤要求平仰卧位，保持呼吸道畅通，解开衣领扣。

·周围血管伤，压迫伤部以上动脉干（从心脏输出血液的大动脉）至骨骼。直接在伤口上放置厚敷料，绷带加压包扎以不出血和不影响肢体血循环为宜，当上述方法无效时需慎用止血带，原则上尽量缩短使用时间，一般以不超过30分钟为宜，做好标记，注明用止血带时间。

·有条件时迅速给予静脉补液，补充血容量。

·快速平稳地送医院救治。

如果发生了高处坠落，造成的伤害往往是致命的，一切急救都为时已晚，有着良好的自救意识是避免或减轻高处坠落跌下时受伤的关键

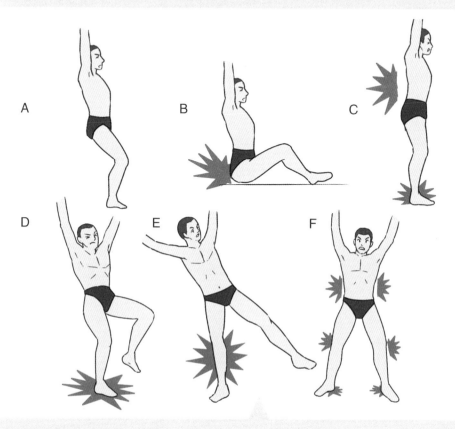

图中几种落地方式，A 能最大限度减少落地时带来的损伤，其余均会对不同部位造成强烈冲击

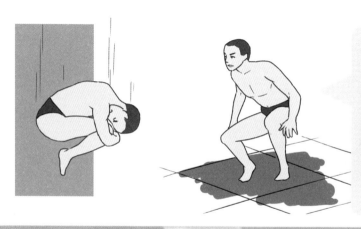

当从高处坠落的时候，要双手抱头，收腹团身，令手、肩等肌肉发达和非致命的部位先着地，以减轻伤害；跳落的时候则保持腿呈弓形，前脚掌先着地，利用身体弹性减少冲击伤害

烧伤时的临时救治

急救常识

常见的事故急救

事故急救 公共场所

急救 火灾中的

急救 交通事故

害后的急救 动物造成伤

急救 中毒后的

的急救 户外活动

中的急救 自然灾害

险时的自救 遇到人为危

天有不测风云。在日常生活中，被明火、开水、滚油等烧伤、烫伤很难避免，我们不但要尽可能防止"引火烧身"，还必须要有处理烧伤、烫伤的常识。

高温烧伤与烫伤

高温烧伤和烫伤之间并没有实质性区别，都是因为皮肤组织受到高温烧灼而受伤的。这种情况下，应立即采取措施降低伤口和附近的温度，伤口冷却后能大大减轻伤情，并缓解带来的剧痛。

☞ 高温烧伤与烫伤以后，谨记"冲、脱、泡、包、送"的五字要诀。

冲：用清水冲洗烧伤创面；

脱：边冲边用轻柔的动作脱掉烧伤者的外衣，如果衣服粘住皮肉，不能强扯，可以用剪刀剪开；

泡：用冷水浸泡创面；

包：用干净的布单、衣物包扎伤处；

送：尽快送到具有救治烧伤经验的医院治疗。

☞ 需要注意的是，伤口不要按民间的偏方处理，特别是有颜色的"红药水"或者"紫药水"，甚至是用酱油等涂抹，以免影响医生对烧伤严重程度的判断。

"冲"是烫伤急救中非常重要的一步，通过凉水冲洗，既能清理创面，又能降低创面温度，减轻烫伤的伤害

"冲、脱、泡、包、送"的五字要诀是烫伤急救最为简单实用的方法，切勿按照民间偏方处理

急救常识

常见的事故急救

公共场所事故急救

火灾中的急救

交通事故急救

动物造成伤害后的急救

中毒后的急救

户外活动的急救

自然灾害中的急救

遇到人为危险时的自救

电击烧伤

电击烧伤最大的危险是体内烧伤，当发现有人触电时，请立即按以下步骤进行处理：

·先将电源切断，或用绝缘体将电源移开，如干木棒、树枝、扫帚柄等，切记不要直接用手接触伤者；

·在浴室或潮湿的地方，救护人要穿绝缘胶鞋戴胶皮手套或站在干燥木板上以保护自身安全；

·拨打 120 呼叫救护车，检查伤者的心跳、呼吸，若没有的话，立即施行心肺复苏术，不要轻易放弃，一直坚持到医生护士到来为止；

·用冷水对伤者烧伤部位进行降温，然后就地取材进行创面的简易包扎，再送医院救治。

注意：在伤者脱离电源之前，千万不能泼水对伤口进行降温。

化学药剂烧伤

这类事故通常是由强酸或强碱等腐蚀性物质引起的，在处理化学药剂烧伤时，应注意下面几点：

·立即移离现场，迅速脱去沾有化学物的衣裤、鞋袜等；

·被浓硫酸和生石灰烧伤不能马上用水冲，应先用干净的布条擦干，创面上不要任意涂上油膏或红药水，也不要用脏布包裹；

·若是被黄磷等不与水发生化学反应的物质烧伤时，应用大量流动的冷水冲洗，清理掉伤口处的化学药剂，然后用多层湿布覆盖伤口；

·及时送往医院。

第三章
公共场所事故急救

在人多的大型公共场所中，一旦有一丁点混乱，很可能会引起后果严重的恶性事件。当混乱发生以后，有什么方法可以确保自己的人身安全呢？

本章要介绍的就是在公共场所发生险情时的自救自护常识。

公共场所发生混乱以后应注意哪些事项

2014 年 12 月 31 日 23 时 35 分，正值跨年夜活动，因很多游客、市民聚集在上海外滩迎接新年，外滩陈毅广场东南角通往黄浦江观景平台的人行通道阶梯处底部有人失衡跌倒，继而引发多人摔倒、叠压，致使拥挤踩踏事件发生，造成 36 人死亡，49 人受伤。

在人多的大型公共场所中，一旦有一点混乱，很可能会引起后果严重的恶性事件。当混乱发生以后，有什么方法可以确保自己的人身安全呢？

·在拥挤的人群中，要时刻保持警惕，发现有人情绪不对或人群开始骚动时，要做好保护自己和他人的准备；

·发觉拥挤的人群向自己行走的方向拥来时，应该马上避到一旁，但是不要奔跑，避免绊倒，使自己成为拥挤踩踏事件的诱发因素；

·如果路边有可以暂避的地方，可以暂避一时，切记不要逆着人流前进，那样非常容易被推倒在地；

·遭遇拥挤的人流时，不要采用体位前倾或者低重心的姿势，即便鞋子被踩掉也不要贸然弯腰提鞋或系鞋带；

·当发现自己前面有人突然摔倒了，马上要停下脚步，同时大声呼救，告知后面的人不要向前靠近；

·若身不由己陷入人群之中，一定要先稳住双脚。切记远离店铺的玻璃窗，以免被玻璃碎片扎伤；

·当带着孩子遭遇拥挤的人群时，最好把孩子抱起，避免在混乱中被踩伤；

·如被推倒，要设法靠近墙壁。面向墙壁，身体蜷成球状，双手在颈后紧扣，以保护身体最脆弱的部位；

·如有可能，抓住一件坚固牢靠的东西，例如路灯柱之类，待人群过去后，迅速而镇静地离开现场。

发现人群骚动后应保持警惕，做好保护自己和他人的准备

避开人流是最为安全的处理方式，可以躲在墙角、柱子或者其他一些固定设施旁边

如果多人同行的话，可以采取肩并肩手拉手的方式站稳，承受外来的压力

发生大规模有毒气体泄漏后如何避难

急救常识

常见的事 故急救

事故急救 公共场所

急救 火灾中的

急救 交通事故

害后的急救 动物造成伤

急救 中毒后的

的急救 户外活动

中的急救 自然灾害

险时的自救 遇到人为危

有毒气体泄漏的事件近年来屡见不鲜，这类事故一般多发生在化工厂附近。由于气体的传播速度很快，而且许多有毒气体对人体造成的危害十分严重，因此一旦发生有毒气体泄漏，往往会造成严重的后果。不过，若是应对得当，可以有效降低损害。

·通常情况下，有毒气体泄漏后可以闻到强烈的异味。若是出现了大范围异味，应迅速关闭门窗，用口罩或湿毛巾捂住口鼻，并打电话向消防部门或政府部门询问情况。

·在证实发生了有毒气体泄漏后，切记不能点火，许多气体遇火都会燃烧或发生爆炸。

·注意风向，向上风口或高处、林区等地方转移，寻找有新鲜空气的地方避难。

·在转移的过程中，尽量不要往人群里钻，以免因混乱发生踩踏事件。

·注意关注官方报告，及时了解到必要的救援信息。

发现有毒气体泄漏后，注意观察烟气走向

逃避毒气，应向上风口、高处、林区跑去

如何防备炸弹等爆炸物

爆炸物的危害极高，一旦发生爆炸事件，常常会造成多人伤亡。虽然我国对爆炸物的管制十分严格，严禁携带爆炸物出入公共场所，但现实中，仍会有一些不法分子试图在公共场所引爆爆炸物。在公共环境下，如何防备爆炸物呢？

首先，我们得清楚爆炸物可能会放置在公共场所的哪些地方。一般情况下，不法分子会选择具有标志性的建筑物或者人员相对集中的场所。大型活动场所、体育场馆、宾馆、商场、超市、车站、学校等地方是比较容易被爆炸物袭击的。

当发现爆炸物以后应怎么处理呢？对大多数人而言，生活中根本没有接触过爆炸物，一旦遇到往往会惊慌失措。这时候，要做的是绝不触动爆炸物并及时报警。然后迅速而有序地撤离现场，不要拥挤，避免发生踩踏。当警察到来之后，目击者还应尽量协助警方，报告发现的时间、位置、外观、是否有人接触等情况。

若是已经发生爆炸，则应注意以下几条：

· 迅速有序撤离爆炸现场，避免拥挤、踩踏造成伤亡；

· 撤离时要注意观察场馆内的安全疏散指示和标志；

· 按照场内的疏散指示和标志从看台到疏散口再撤离到场馆外；

· 不要因贪恋财物浪费逃生时间；

· 实施必要的自救和互助；

· 拨打报警电话，客观详细地描述事件发生、发展经过；

· 注意观察现场可疑人、可疑物，协助警方调查。

发现爆炸物时及时报警，切勿触动

注意所在场所的安全疏散标志

做好自救的同时，尽可能地救助他人

注意观察现场可疑人、物

在向警察说明的时候，尽可能完整地讲明现场情况

地下建筑遇到危险如何急救自救

急救常识

故急救 常见的事

事故急救 公共场所

急救 火灾中的

急救 交通事故

害后的急救 动物造成伤

急救 中毒后的

的急救 户外活动

中的急救 自然灾害

险时的自救 遇到人为危

　　地下游乐场、地下商场、地铁等地下建筑物与地面上的建筑物区别很大，一旦发生毒气泄漏、爆炸、火灾等危险，逃离比较困难。主要是由于地下建筑的位置造成了灭火、排烟困难，灾害产生的浓烟和有毒气体无法顺利排出，会在短时间内令人丧失行动能力，从而窒息、中毒死亡。

　　为了能在发生危险的时候有效避难，在进入地下建筑之前，应熟悉一下出入口处的布局，了解安全出口的位置和相关的避难指示，这样才能做到遇险不惊，处险不乱。

　　如果发生了火灾、爆炸或毒气泄漏，可迅速用浸湿的毛巾或直接用衣袖捂住嘴和鼻子，不要惊慌失措，不要乱喊乱叫，按照安全出口的指示，尽快到达地面，这是避免陷入更大危机的最好办法。

　　由于地下建筑的通风能力较差，一旦发生灾情，很可能会在短时间中就布满浓烟，这会对人的眼睛和呼吸系统造成损害，影响人判断方向和寻找出口。此时，应留意烟气流动的方向，烟气总是会朝着出口处流动的，然后沿着墙壁行走，一边移动一边寻找出口。

　　现在许多地下建筑都是多层建筑，很可能因为上一层发生灾情影响到下一层人员的逃生。不过，许多地下停车场或地下通道往往可以同时通往多栋建筑，这时可以利用它们绕道转移到其他建筑地下，然后逃往地面。

　　在发生了灾情之后，如果现场有疏散指挥人员，应当听从疏散指导，这样既能有效地防止因混乱造成踩踏，同时也是最简单有效的逃离现场的方法。

公共场所遇到地震时怎么办

急救常识　故急救　常见的事　事故急救　公共场所　急救　火灾中的　急救　交通事故　害后的急救　动物造成伤　急救　中毒后的　的急救　户外活动　中的急救　自然灾害　险时的自救　遇到人为危

在人员集聚的公共场所遇到地震时，最忌慌乱，否则将造成秩序混乱，相互压挤甚至人员伤亡，此时应有组织地从多个路口快速疏散。

·如果你正在影剧院、体育馆等处，遇到地震时，要沉着冷静，特别是当场内断电时，不要乱喊乱叫，更不得乱挤乱拥，应就地蹲下或躲在排椅下，注意避开吊灯、电扇等悬挂物，用皮包等物保护头部，等地震过后，听从工作人员的指挥，有组织地撤离。

·若是在商场、书店、展览馆等处，应选择结实的柜台、商品（如低矮家具等）或柱子边，以及内墙角处就地蹲下，用手或其他东西护头，避开玻璃门窗和玻璃橱窗，也可在通道中蹲下，等待地震平息，有秩序地撤离出去。

·正在上课的学生，要在老师的指挥下迅速抱头、闭眼，躲在各自的课桌下，绝不能乱跑或跳楼，地震后，有组织地撤离教室，到就近的开阔地避震。

·在室外时，可原地不动蹲下，双手保护头部，注意避开高大建筑物或危险物。

·地震后，注意收听广播和官方通告，迅速有秩序地撤离，并马上展开自救、互救措施，如帮助抬出重伤员，并对划伤、砸伤的伤者进行止血、包扎，对呼吸困难者立即进行人工呼吸。

最后，无论身处何处，切记不要慌乱，不要拥向出口，要避免拥挤，要避开人流，避免被挤到墙壁或栅栏处。

公共场所的各种公共设施、柱子等是比较安全的藏身之处

切勿在高楼层的边缘停留,这里往往是最危险的地方

专题：公共急救知识和技能

急救常识　故急救　常见的事　公共场所　事故急救　急救　火灾中的　急救　交通事故　害后的急救　动物造成伤　急救　中毒后的　的急救　户外活动　中的急救　自然灾害　险时的自救　遇到人为危

公共急救知识和技能的普及，直接关系到群众的生命安全。对于猝死、溺水等意外事故，在专业急救力量到达前，社会急救和公众自救、互救等及时有效的救援，可以最大限度地减少人员伤亡。然而，我国公众的急救意识缺乏，急救技能严重不足，建立健全院前医疗急救体系，尽快提高全民急救意识和自救互救技能已刻不容缓。

当心肌梗死、溺水、触电等各种意外发生时，根据目前城市交通情况，120很难在10分钟内赶到，因此，作为"第一目击者"的公众，在第一时间进行施救就显得尤为重要。然而，突发事件的"第一目击者"和"在场者"，大多是普通群众，没有急救知识，往往只能干着急，有时甚至会好心办坏事。可见，普及应急救护知识，已经成为人们现实生活中的迫切需要。

那么，作为一名普通群众，能不能做些什么呢？如果平时注意公共急救知识的学习和技能的练习，那么，在急救人员赶来之前只需要做好这5步，就很可能挽救一条生命：

第一步，确认环境安全之后才能去救人。

第二步，检查并判断患者有无反应（可拍打患者双肩大声呼叫）。

第三步，如果没有反应，立即拨打急救电话并让人拿来自动体外除颤器（Automated External Defibrillator，简称 AED）。

第四步，观察患者是否有呼吸（看胸腹5到10秒的起伏情况）。

第五步，如果患者没有呼吸或者呼吸不正常（例如濒死喘息），立即开始心肺复苏，不断重复这一过程，直到患者有反应或专业医护人员接手。

第四章
火灾中的急救

火灾是各种灾害中最经常威胁公众安全的主要灾害之一。一旦火灾来临，很多人会因为惊慌失措丧失最佳的逃生时间和逃生地点，造成不必要的伤亡。那么，这个时候究竟应该怎么应对呢？

本章要介绍的就是火灾急救的基本要点和基本方法。

【针对不同火情，寻求逃生良策】

遇到火灾后如何逃生

　　火灾是各种灾害中最经常威胁公众安全的主要灾害之一。火灾频发的原因在于它不仅会在自然条件下发生，如雷击起火、自燃起火等，而且很容易人为引发，如使用明火不慎以及使用燃气或电器不当起火等。

　　一旦火灾来临，很多人会因为惊慌失措丧失最佳的逃生时间和逃生地点，造成不必要的伤亡。那么，这个时候究竟应该怎么应对呢?

　　假如火灾初起时就被发现，可趁火势很小之际，用灭火器、自来水等灭火工具在第一时间去扑救，同时还应呼喊周围人员出来参与灭火和报警。如有多人灭火，应进行分工，一部分人负责灭火，另一部分人清除火焰周围的可燃物，防止、减缓火势蔓延。

　　针对不同火情，寻求逃生良策。

　　开逃生门前应先触摸门锁。若门锁温度很高，则说明大火或烟雾已封锁房门出口，此时切不可打开房门。应关闭房内所有门窗，用毛巾、被子等堵塞门缝，并泼水降温。同时利用手机等通信工具向外报警求助。

　　若门锁温度正常或门缝没有浓烟进来，说明大火离自己尚有一段距离，此时可开门观察外面通道的情况。开门时要用一只脚抵住门的下框，以防热气浪将门冲开。在确信大火并未对自己构成威胁的情况下，应尽快逃出火场。

　　遇有浓烟应用湿毛巾捂鼻，弯腰低头迅速撤离。

　　通过浓烟区时，要尽可能以最低姿势或匍匐姿势快速前进，并用湿毛巾捂住口鼻。不要向狭窄的角落退避，如墙角、桌子底下、大衣柜里等。

　　逃生勿入电梯，楼梯可以救急。电梯往往容易断电而造成电梯停止，人在电梯里随时会被浓烟毒气熏呛而窒息。

　　预先熟悉逃生路线，了解、掌握逃生方法。

　　每个人都在祈求平安。但天有不测风云，一旦火灾降临，在浓烟、毒气和烈焰包围下，不少人葬身火海，也有人死里逃生幸免于难。面对滚滚浓烟和熊熊烈焰，只要冷静机智运用火场自救与逃生知识，就有极大可能拯救自己。因此，多掌握一些火场自救的要诀，困境中也许就能把握一线生机。

在进行灭火的同时，应注意清除火焰周围的可燃物，防止火情进一步蔓延

运用 "利用法" 逃离火海

急救常识

故急救 常见的事

事故急救 公共场所

急救 火灾中的

急救 交通事故

害后的急救 动物造成伤

急救 中毒后的

的急救 户外活动

中的急救 自然灾害

险时的自救 遇到人为危

所谓 "利用法"，即利用有关物品进行逃生。主要有以下几种方法：

利用门窗逃生

在火场受困时，大多数人采用这个办法。利用门窗逃生的前提条件是火势不大，还没有蔓延到整个单元住宅，同时受困者较熟悉燃烧区内的通道情况。具体方法：把被子、毛毯或褥子用水淋湿裹住身体，俯身冲出受困区。或者将绳索一端系于窗户横框（或室内其他固定构件上，无绳索可把床单或窗帘撕成布条代替），另一端系于小孩或老人的两腋和腹部，将其沿窗放至地面或下层的窗口，然后破窗入室从通道疏散，其他人可沿绳索滑下。

利用阳台逃生

如果火势较大，无法利用门窗逃生时可利用阳台逃生。高层单元住宅建筑从第七层开始每层相邻单元的阳台相互连通，在此类楼层中受困，可拆破阳台间的分隔物，从阳台进入另一单元，再进入疏散通道逃生。如果楼道走廊已被浓烟充满无法通过时，可紧闭与阳台相通的门窗，站在阳台上避难。

利用空间逃生

在室内空间较大而火灾不大时可利用这个方法，其具体做法：（卫生间、厨房都可以，室内有水源最佳）把可燃物清除干净，同时清除与此室相连的室内可燃物，消除明火对门窗的威胁，然后紧闭与燃烧区相通的门窗，防止烟和有毒气体的进入，等待火势熄灭或消防部门的救援。

利用时间差逃生

当火势封闭了通道时，可利用时间差逃生。由于一般单元式住宅楼为一二级防火建筑，耐火极限 2~2.5 小时，只要不是建筑整体受火势的威胁，局部火势一般很难致使住房倒塌。利用时间差逃生的具体方法：人员先疏散到离火势最远的房间内，在室内准备被子、毛毯等，将其淋湿，采取利用门窗逃生的方法，逃出起火房间。

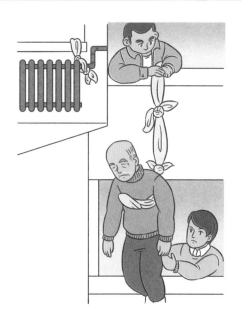

利用门窗和绳索逃出火场

利用阳台转移到未起火的地方

利用较大、独立的空间暂时栖身

利用起火的时间差逃离火场

高楼层发生火灾怎么办

随着社会经济的进步，高楼层建筑越来越多，但是，城市建筑物越来越高，火灾隐患却不会因为楼层的增高而减少，相反，楼层越高，危险越大。

那么，高层发生火灾，应该往上跑，还是往下逃？

一般火场中最为致命的是烟气，烟气往上蹿速度是很快的，快到令人措手不及。以一栋百米建筑为例，半分钟烟气就能到顶层，这也是高层失火逃生难的真正原因所在。

高层着火时，尽可能了解火灾蔓延和烟气弥漫的方向，就一般住宅来看，都是使用实体墙进行隔离，没有火灾蔓延的通道，火一般烧不到家里来。

如果出现大量烟气顺着阳台或者房间的窗户弥漫进房间，这样就需要关闭烟气进屋的通道，开启没有烟气或是烟气较少的通风口（窗户或门）等待救援；如要选择主动逃生，尽量向最近的通道，比如楼顶、避难层、平台等开阔地带逃生，在逃生时必须携带打湿的毛巾，并多折叠几层后捂住口鼻阻隔有毒烟气进入呼吸道。

如果是在白天，应当寻找色彩亮丽的衣服或者布条，从窗户里向外大幅度晃动，引人注意；如果是在晚上，应当使用手电筒引人注意，但是在火场中，如果没有手电筒，打火机绝对不是好选择，因为在火场中，打火机并不明显，并且会导致可燃气体的爆炸。

在任何火场中，浸湿的毛巾都是受欢迎的东西，捂住你的眼鼻，会让你坚持得久一些。

※ 注意：无论往楼顶还是楼底逃生，都应选择其中最近的通道

穿着色彩艳丽的衣服或者挥舞布条，以便吸引救援人员的注意

火灾时被困在室内如何呼救

急救常识

常见的事故急救

公共场所事故急救

火灾中的急救

交通事故急救

动物造成伤害后的急救

中毒后的急救

户外活动的急救

自然灾害中的急救

遇到人为危险时的自救

一般情况下，如果火灾还属于初期，扑灭是相对容易的，这样既能保证火情不会扩大，还能挽救更多生命和财产。但是，如果发现火灾的时候已经比较晚，甚至已经烧到了跟前，情况就变得复杂多了，很多人也会因此而惊慌失措。

俗话说得好，"临危不乱，灾情减半"。如果人被围困在室内，不了解周围失火情况，一时不能撤离火场，也需要尽可能冷静。先用湿毛巾等塞住起火一侧的门缝窗缝，避免烟气进来。

这时候不能因惊慌而胡乱大声呼喊，当大火围困在建筑物内时，向外呼救，外面的人很难听到。因为熊熊烈火形成一道"火围墙"，会严重影响声音向外面的传播。此时此刻被困的人应保持冷静，可以卧倒在地面上呼救。因火势顺着气流向上升，在低矮的地方，可燃物已经烧过或还有未燃烧之处，呼救的声波可透过这些空隙向外传出。这样外界容易听到呼救声，能够及时设法营救。

在营救人员到达之前，要充分利用室内的水源（如洗手间等处）进行自救。可以始终开着水龙头放水，或者直接蹲在浴缸中，这样既可以降温，又可以冲淡烟气。

如果烟气开始向室内蔓延，阳台是暂时安全的地方，可以在阳台上暂避一时。同时可以在阳台上大声呼救或施放信号，以便附近群众和消防队前来施救。在条件允许时也可以借助绳索等可靠工具利用阳台下楼以保证人身安全。

👉 **最重要的是保持冷静，不要惊慌，逃生时，尽量不要选择跳楼等危险系数高的逃生方法，切忌慌不择路。**

被困在室内时，仅仅胡乱呼喊是没用的，应利用火情蔓延进来之前的时间做好自救工作

火情已经蔓延到室内之后，阳台可能是最后的安全场所，这时候可以尝试呼救或者依靠工具逃离火灾现场

如何避免吸入有毒气体

急救常识

常见的事故急救

公共场所事故急救

火灾中的急救

交通事故的急救

动物造成伤害后的急救

中毒后的急救

户外活动的急救

自然灾害中的急救

遇到人为危险时的自救

发生火灾之后，随着火势不断加大，室内的空气会急剧膨胀，加上各种材料燃烧释放的大量烟雾和有毒气体，这些烟气会随着热气流流动，与空气混合后造成空气中的氧气含量下降。当空气中的氧气含量下降到 16% 时，人就会发生呼吸困难；下降到 11% 以下时，将会导致中枢神经障碍，引起死亡。那么，如何才能防止发生火灾后吸入大量有毒气体呢?

在火灾初期，燃烧产生的烟气会上升到天花板附近产生层状烟雾，并且厚度不断增加。当烟不太浓时，应弯腰疾走，若烟较浓，则可卧地爬行，尽快离开烟火区域，因为贴近地板通常烟气稀少，并有一定的可视度，能减少烟气对人体的危害。

若是烟气已经全面扩散到整个室内空间，这时候，在靠近地面和墙壁表面的地方，仍留有一层空气，可以尝试将脸紧紧贴住地面或墙面进行呼吸，虽然空气量不大，但对于身处火海的人却非常重要。

当人员处在烟气中时，应该用湿毛巾和布捂上嘴和鼻子过滤毒气，减少烟气的危害。此法仅能过滤烟雾中的细微碳粒，毒气仍然可以通过毛巾和布对人产生伤害。

如果身旁有潜水镜或风镜，可以戴上以保护眼睛，尽可能地在火海中寻找适合逃生的路线。

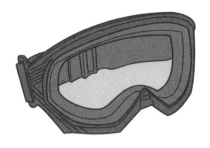

贴近地面的地方烟气
较为稀少，可以尝试
卧地爬行

利用湿毛巾、潜水镜等
工具可以减少烟气对人
体的危害

身上着火怎么办

急救常识

常见的事故急救

公共场所、事故急救

火灾中的急救

交通事故急救

动物造成伤害后的急救

中毒后的急救

户外活动的急救

自然灾害中的急救

遇到人为危险时的自救

　　如果在火灾中不慎被引燃了衣服，很多人往往会惊慌失措或者急于找人求救，拔腿便跑。可是这样会使空气对流增强，令身上的火越烧越旺，更容易造成伤亡，而且还可能会将火种带到别的地方，引起新的火情。

　　当身上套着几件衣服时，火一下是烧不到皮肤的。应将着火的外衣迅速脱下来。有纽扣的衣服可用双手抓住左右衣襟猛力撕扯将衣服脱下，不能像平时那样一个一个地解纽扣，因为时间来不及。如果穿的是拉链衫，则要迅速拉开拉锁将衣服脱下。脱下着火的衣服后，应立即浸入水中，或用脚踩灭，或用灭火器扑灭，以免引燃周围的其他东西。

　　如果身上穿的是单衣，应迅速趴在地上；背后衣服着火时，应躺在地上；衣服前后都着火时，则应在地上来回滚动，利用身体隔绝空气，覆盖火焰，窒息灭火。但在地上滚动的速度不能快，否则火不容易压灭。

　　在家里，使用被褥、毯子或麻袋等物灭火，效果既好又及时，只要打开后遮盖在身上，然后迅速趴在地上，火焰便会立刻熄灭；如果旁边正好有水，也可用水浇。

　　在野外，如果附近有河流、池塘，可迅速跳入浅水中；但若人体已被烧伤，而且创面皮肤已烧破时，则不宜跳入水中，更不能用灭火器直接往人体上喷射，因为这样做很容易使烧伤的创面感染细菌。

如果没能迅速脱掉衣服，可以通过打滚、裹被子等隔绝空气的方法灭火

在野外的时候可以跳入浅水中，利用水来灭火

燃气起火怎么办

随着人们生活水平的不断提高，煤气、液化石油气、天然气等可燃气体以其方便、清洁、经济的特点逐步被广大人民群众所认识、接受并应用于家庭，其火灾危险性也日益暴露出来了。

造成燃气起火的原因很多，常见的有：

·输气管、角阀、减压阀、钢瓶、输气管接口等部件老化松动，密封胶圈脱落或者老化失去弹性，引起气体泄漏。

·气瓶残旧老化严重，耐压强度下降，造成煤气泄漏。

·搬运过程撞击、运输过程碰撞造成气瓶破裂。

·用户擅自倒气过罐或私自倾倒液化气残液引起火灾。

·不用减压阀或者使用人工手控减压直接供气。

·气瓶横卧，液体未经气化直接喷出。

·输气胶管过长，中间变曲，使用时开关程序颠倒，胶管变曲部位及胶管中积存残留气体在再次点火过程中产生轰燃。

·灶台用火过程中汤水溢溅或吹风扑灭灶火引发燃气泄漏。

·用火过程中人离去却未关闭阀门，烧熔金属器具溶液引燃可燃物或者胶管。

不同原因引起的火灾，处理的方式也有不同：

·由于设备不严密而轻微泄漏引起的着火，可用湿布、湿麻袋等堵住着火处灭火。火熄灭后，再按有关规定补好漏处。

·直径小的管道着火时，可直接关闭阀门，切断燃气灭火。

·直径大的管道着火时，切记不能突然把燃气闸阀关死，以防回火爆炸。

·燃气设备烧红时，不能用水骤然冷却，以防管道和设备急剧收缩造成变形和断裂。

·燃气设备附近着火，使燃气设备温度升高，在未引起燃气着火和设备烧坏时，可正常供气生产，但必须采取措施将火源隔开并及时熄灭。当燃气设备温度不高时，可用水冷却设备。

·燃气着火扑灭后，可能房间内还存有大量燃气，要防止一氧化碳中毒。

·灭火后，要切断燃气来源，吹净残余燃气，查清事故原因，消除事故隐患。

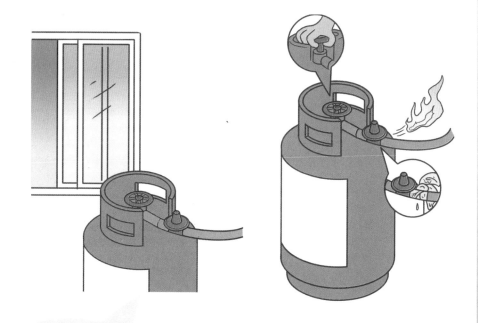

燃气管道、阀门是燃气
起火的主要原因

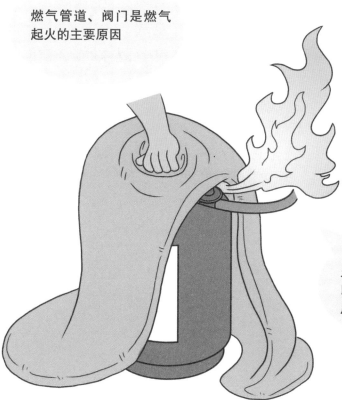

火势比较小的时候，可
以用湿布、湿麻袋盖住
后关闭阀门

发现燃气泄漏怎么办

急救常识　常见的事故急救　公共场所事故急救　火灾中的急救　交通事故急救　动物造成伤害后的急救　中毒后的急救　户外活动中的急救　自然灾害中的急救　遇到人为危险时的自救

　　燃气泄漏的安全事故层出不穷，我们应该如何掌握煤气泄漏自救防范知识，尽量避免该类事故，并在事故发生时降低伤害呢？

　　煤气、天然气等燃气均属易燃易爆气体，少量泄漏在空气中形成较低的浓度，不会引起着火、爆燃事故。但是如果缺乏监控和应急处置，气体泄漏量较大或慢慢地积累，就会使空气中可燃性气体浓度升高，达到一定的浓度，遇明火就会发生火灾或爆炸。因此，一旦发现燃气泄漏，切莫慌张，可按以下步骤处理：

　　·立即截断气源，关闭燃气管道和燃具的阀门；

　　·迅速打开门窗，让空气流通，将泄漏气体排出室外；

　　·到室外打电话报修并疏散人员；

　　·公共场所发现燃气泄漏，立即打电话报修并疏散人员；

　　·如发现邻居家中燃气泄漏，应敲门通知，切勿使用门铃等各类电器设施。

　　·燃气泄漏时，千万不能开启电源开关（如开灯、关灯）、使用明火，切勿使用室内电话或手机，特别是要坚决禁止使用排气扇、电风扇排气，甚至不能穿脱衣服，以免化学纤维制成衣物在穿脱的过程中产生静电引起爆炸。

　　由于煤气、天然气等气体比空气重，因此可能会沉积在墙角、地面，在通风排气之后，还应用扫帚等扫地，将残留的气体赶到室外。同时，要注意室外是否有火源，以免引起火灾。

　　👆 谨记，要将漏气点查明修好之后，才可以继续使用燃气。

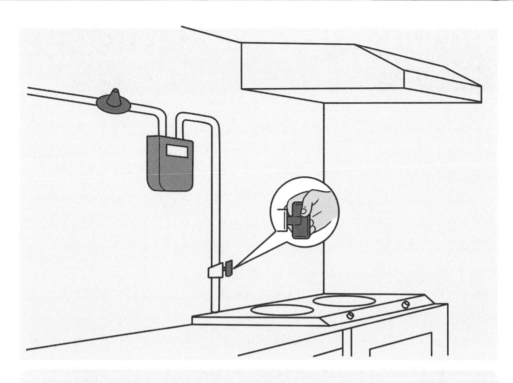

当发现燃气泄漏的时候，切勿开关电源，一丁点的静电就可能引起火灾

如何扑救电器起火

急救常识

常见的事故急救

公共场所事故急救

火灾中的急救

交通事故急救

动物造成伤害后的急救

中毒后的急救

户外活动中的急救

自然灾害中的急救

遇到人为危险时的自救

电，给我们带来了舒适的电气化生活，但若使用不当，"电老虎"也会咬人，除了会发生触电事故外，由于电器使用不当等原因而引起的电器火灾也十分普遍。以至于城市中每当发生火灾而查不出原因时，通常都归结为"电线走火"。

当电力线路、电气设备发生火灾，引着附近的可燃物时，一般都应采取断电灭火的方法，即根据火场不同情况，及时切断电源，然后进行扑救。要注意千万不能先用水救火，因为电器一般来说都是带电的，而泼上去的水是能导电的，用水救火可能会使人触电，而且还达不到救火的目的，损失会更加惨重。发生电器火灾，只有确定电源已经被切断的情况下，才可以用水来灭火。在不能确定电源是否被切断的情况下，可用干粉、二氧化碳等灭火器扑救。

电器着火中，比较危险的是电视机和电脑着火。如果电视机和电脑着火，即使关掉电源，拔下插头，它们的荧光屏和显像管也有可能爆炸。为了有效地防止爆炸，应该按照下列方法去做：电视机或电脑发生冒烟起火时，应该马上拔掉总电源插头，然后用湿地毯或湿棉被等盖住它们，这样既能有效阻止烟火蔓延，一旦爆炸，也能挡住荧光屏的玻璃碎片。注意切勿向电视机和电脑泼水或使用任何灭火器，因为温度的突然降低，会使炽热的显像管立即发生爆炸。此外，电视机和电脑内仍带有剩余电流，泼水可能引起触电。灭火时，不能正面接近它们，为了防止显像管爆炸伤人，只能从侧面或后面接近电视机或电脑。

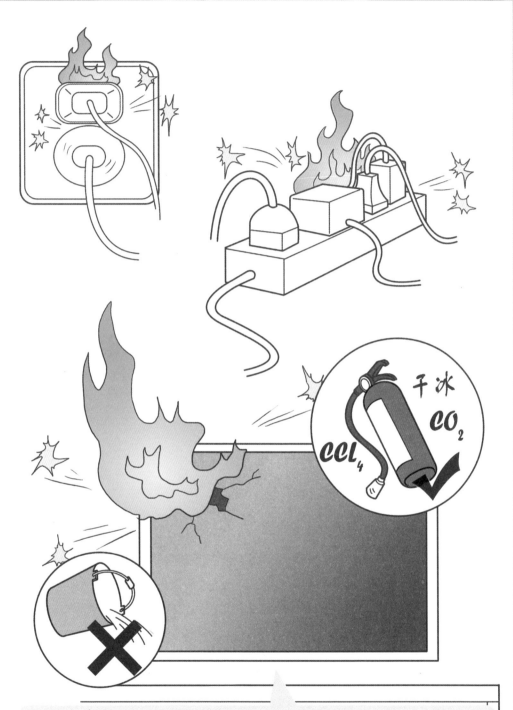

电器起火后切勿用水灭火，应选择干粉、二氧化碳等灭火器进行扑救

使用手提式灭火器的方法

急救常识

常见的事故急救

公共场所事故急救

火灾中的急救

交通事故急救

动物造成伤害后的急救

中毒后的急救

户外活动中的急救

自然灾害中的急救

遇到人为危险时的自救

　　随着人居生活及工作水平的不断提高，各类火灾的突发频率加大，相应的灭火器材已普遍存在于我们的工作及生活中，特别是手提式干粉灭火器，早已成为人们生活中必不可少的工具。

　　手提式干粉灭火器适用于易燃、可燃液体、气体及带电设备的初起火灾。除可用于扑灭上述几类火灾外，还可扑救固体类物质的初起火灾，但都不能扑救金属燃烧火灾。

　　手提式干粉灭火器具有结构简单、操作灵活，应用广泛、使用方便、价格低廉等优点。使用方法如下：

　　·使用手提式干粉灭火器时，应手提灭火器的提把，迅速赶到着火处；

　　·在距离起火点 5 米左右处，放下灭火器，在室外使用时，应占据上风方向；

　　·使用前，先把灭火器上下颠倒几次，使筒内干粉松动；

　　·先拔下保险销，一只手握住瓶底，另一只手用力压下压把，干粉便会从喷嘴喷射出来；

　　·用干粉灭火器扑救流散液体火灾时，应从火焰侧面，对准火焰根部喷射，并由近而远，左右扫射，快速推进，直至把火焰全部扑灭；

　　·用干粉灭火器扑救容器内可燃液体火灾时，应从火焰侧面对准火焰根部，左右扫射，灭火时应注意不要把喷嘴直接对准液面喷射，以防干粉气流的冲击力使油液飞溅，引起火势扩大，造成灭火困难；

　　·用干粉灭火器扑救固体物质火灾时，应使灭火器嘴对准燃烧最猛烈处，左右扫射，并尽量使干粉灭火剂均匀地喷洒在燃烧物的表面，直至把火全部扑灭；

　　·使用干粉灭火器要注意在灭火过程中应始终保持直立状态，不得横卧或颠倒使用，否则不能喷粉，同时注意干粉灭火器灭火要彻底，因为干粉灭火剂的冷却作用甚微，防止炽热物在着火点存在的前提下产生复燃。

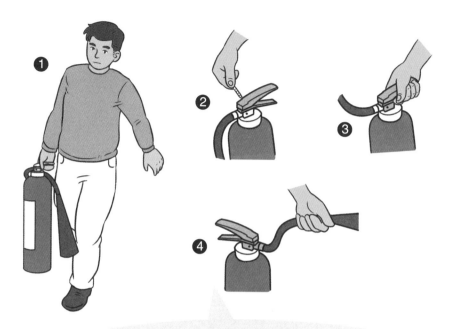

通常在灭火器上都有着明确的使用步骤，平时就应该学习使用，以免火灾来临时措手不及

针对不同可燃物的火灾，灭火器喷射的位置略有差别

拨打火警电话时应注意什么

急救常识

常见的事故急救

公共场所事故急救

火灾中的急救

交通事故急救

动物造成伤害后的急救

中毒后的急救

的户外活动的急救

自然灾害中的急救

遇到人为危险时的自救

相信大家都知道，一旦发生火灾，及时拨打 119 火警电话，但是拨打电话时也有一些细节是人们常常忽略的。

一旦发生火情，用固定电话（包括住宅电话、公用电话、IC、IP 卡电话、磁卡电话等）拨打 119，信号会直接接入当地最近的 119 受理专线。而用手机拨打 119，情况就比较复杂了。曾有群众在县城用手机拨打 119 报火警，结果电话没有接到县消防大队火警受理台而是接通了市消防支队火警受理台，延误了报警时间，造成不必要的损失。

目前我国常用的手机运营商有中国移动、联通、电信三大网络。用手机报告火警，信号是按就近接入网络的原则接通当地 119 专线。例如武汉的手机用户在北京拨打 119，信号会直接接入北京消防局火警受理台，而不是接入武汉消防局火警受理台。

另外需要注意的是，使用手机在两个地区的邻界区域拨打火警电话时，可能会出现接通另一地区 119 专线的情况，这并不说明打电话的地点距受理台调度范围内的消防站更近。这与手机被覆盖的信号的强弱有直接联系。在邻界区域拨打 119 时，相邻区域中信号较强的网络能接到报警，不会同时在两个区域接到报警，如果另一地区的信号比较强，就可能被错接。所以，在邻界区域或信号较弱的地方拨打 119 时，为了避免错接，更适合使用固定电话。

此外，手机拨打 119 时是否应加拨区号？在地级市（直辖市）市区范围内手机可直接拨 119 号码。但如果在县（县级市）区管辖范围内拨本地区号后再拨 119 号码，不能就近接入当地消防大（中）队 119 电话，而是拨打到所在地级市（直辖市）消防队火警受理台，这样是不利于火警受理的。因此，手机拨打 119 时是不需要加拨区号的。

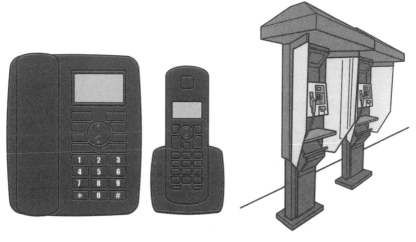

无论使用什么固定电话拨打火警，都是以电话所在位置就近接入的原则

接通后应告知接线员准确的地点位置，而不是只说："我家着火了！"

专题：如何正确报火警

急救常识

常见的事故急救

公共场所事故急救

火灾中的急救

交通事故急救

动物造成伤害后的急救

中毒后的急救

户外活动的急救

自然灾害中的急救

遇到人为危险时的自救

　　一旦失火，要立即报警，报警越早，损失越小，打电话时，一定要沉着。

　　报警时要牢记以下7点：

　　·要牢记火警电话"119"，消防队救火不收费。

　　·接通电话后要沉着冷静，向接警中心讲清失火单位的名称、地址、什么东西着火、火势大小，以及着火的范围。同时还要注意听清对方提出的问题，以便正确回答。

　　·把自己的电话号码和姓名告诉对方，以便联系。

　　·打完电话后，要立即到主要路口等候消防车的到来，以便引导消防车迅速赶到火灾现场。

　　·迅速组织人员疏通消防车道，清除障碍物，使消防车到火场后能立即进入最佳位置灭火救援。

　　·如果着火地区发生了新的变化，要及时报告消防队，使他们能及时改变灭火战术，取得最佳效果。

　　·在没有电话或没有消防队的地方，如农村和边远地区，可采用敲锣、吹哨、喊话等方式向四周报警，动员乡邻来灭火。

第五章
交通事故急救

交通事故造成的死亡，有50%左右发生在事故的瞬间，大约有35%发生在伤害后的一两小时内，大约15%发生在伤害后的7天之内。因此，及时正确地进行现场急救，是维持和恢复危重伤员生命机能的关键环节。

本章要介绍的就是交通事故急救的应急措施和具体事项。

【本着先救命、后治伤的原则】

当汽车迎面撞来时怎么办

汽车是如今人们出行主要的交通工具之一，随着城市中的汽车数量不断增加，交通事故发生的概率也越来越高，常常会出现车辆刮蹭，甚至相撞的事故。

两车剐蹭虽然常见，但造成的危害比较小，通常只是车辆的损伤而已。但如果是两车相撞，轻则车损人伤，重则车毁人亡。

当两车迎面相撞的时候，汽车受到猛烈的冲击，由于惯性的作用，人会剧烈前倾，然后又猛地向后反弹。这种短时间内的剧烈运动，很容易造成头、胸受伤。

那怎么防止受伤呢？这要求人们在乘车的时候，保持足够的安全意识。

在乘坐私家车的时候，上车后便系好安全带，这样即使发生碰撞，也能将碰撞带来的伤害降到最低。如今私家车上都安装了三点式安全带，安全带可以在适当的区域吸收撞击力。这一区域覆盖盆骨和胸腔，因为它们是人体最结实的部位。两条带子交汇并固定在座椅旁低处的接合点上，构成了端点指向地面的"V"字几何形，这样在负载之下安全带也不会位移。

乘坐公车等大型车辆的时候，要保持习惯性的预防姿势，双手扶住前面座椅的椅背，双脚前后分开，两腿微微弯曲，向前蹬地。一旦发生车辆相撞的事故，两脚用力前蹬，撞击产生的惯性力量便会被手臂和腿消耗掉，从而起到缓冲的作用，降低伤害。

若是撞车发生得十分突然，可以迅速用脚蹬在前方的椅背等固定位置，双手牢牢护住头部，背部向后挺，抵住座椅。这样即便发生撞车事故，也能确保人身不会受到非常严重的伤害。

公车并没有安全带，因此在乘坐过程中要保持习惯性的预防姿势，双手扶住前排座椅的椅背，同时双脚向前蹬地，起到缓冲的作用

若是撞击突然，可以用脚蹬主前方椅背等固定位置，双手护头，后背挺直

乘坐私家车的时候，养成随时系好安全带的习惯，可以讲碰撞带来的伤害降到最低

发生车祸以后如何现场救护伤员

急救常识　故急救　常见的事　公共场所　事故急救　火灾中的　急救　交通事故　急救　动物造成伤　害后的急救　中毒后的　急救　户外活动　中的急救　自然灾害　中的急救　遇到人为危　险时的自救

交通事故造成的死亡，有50%左右发生在事故的瞬间，大约有35%发生在伤害后的一两小时内，大约15%发生在伤害后的7天之内。因此，及时正确地进行现场急救，是维持和恢复危重伤员生命机能的关键环节。在道路上发生交通事故，如造成人员受伤应立即进行抢救。抢救伤员时，应本着先救命、后治伤的原则。具体做法是：

·迅速将伤员移至安全地方，受伤者在车内无法自行下车时，可设法将其从车内移出，尽量避免二次受伤。受伤者被压于车轮或货物下时，应设法移动车辆或搬开货物，根据伤势采取相应的救护方法，切忌拉拽伤者的肢体。

·抢救失血伤员时，应先进行止血。伤员较大动脉出血时，可采用指压止血法，用拇指压住伤口的近心端动脉，阻断动脉运动，达到快速止血的目的。

·救助全身燃烧的伤员，应采取迅速扑灭衣服上的火焰、向全身燃烧的伤员身上喷冷水、脱掉烧着的衣服、用消过毒的绷带包扎伤口等措施。切勿用沙土覆盖，否则会造成伤口感染，甚至危及生命。烧伤伤员口渴时，可喝少量的淡盐水。

·救助有害气体中毒伤员，应迅速将伤员移到有新鲜空气的地方，以防止继续中毒。

·救助骨折伤员，不要移动伤员身体的骨折部位，以防伤员休克。对无骨端外露的骨折伤员，用夹板或木棍、树枝等固定时应超过伤口上、下关节。伤员大腿、小腿和脊椎骨折时，一般应就地固定，不要随便移动伤者；关节损伤（扭伤、脱臼、骨折）的伤员，应避免活动。

·救助脊柱可能受损的伤员时，不要改变伤员姿势，应用三角巾进行固定；移动脊柱骨折的伤员，切勿扶持伤者走动，应用硬担架运送。把骨折伤员抬上担架时，要遵循医护工作人员的指导，由3名救护人员把手托放在伤员身下，一起将伤员抬上担架。

转移伤员

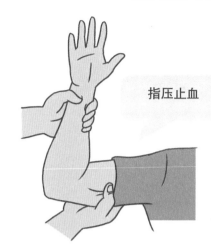

指压止血

扑灭身上起火

避免吸入有毒气体

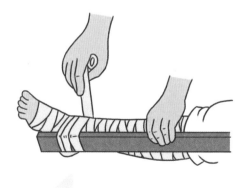

固定骨折部位

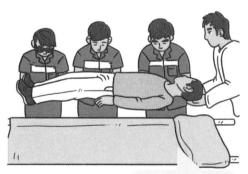

救助脊柱受伤者

汽车冲出路面后的紧急情况

急救常识

常见的事故急救

公共场所事故急救

火灾中的急救

交通事故急救

动物造成伤害后的急救

中毒后的急救

户外活动的急救

自然灾害中的急救

遇到人为危险时的自救

　　严重交通事故最常见的是汽车冲出路面，这时千万不要惊慌乱动，应等驾驶员把车子停稳之后，再按次序下车，以免造成翻车事故。

　👆千万注意，这个时候保持车辆的平衡稳定是最关键的。

　　不要让坐车者在车身不稳时下车，这会造成危险。前轮悬空时，应先将前面人员逐个接下车；后轮悬空时，则应先让后面的人员逐个下车。车上的人一定要沉着稳定。汽车冲下路基时，首先应使车子保持平衡，避免翻车；还要切断汽车电路，避免漏油发生火灾。

　　汽车冲出路面发生翻滚时，乘员在意识丧失以前，应用双手紧握并紧靠后背；驾驶员可紧握方向盘，与车子保持同轴滚动，使身体不在车内来回碰撞，如此可以避免严重撞伤。

　　冲出路面后通常会发生比较剧烈的碰撞，这时候可以参照撞车时的处理方式应急处理。比如迅速用脚蹬在前方的椅背等固定位置，双手牢牢护住头部，背部向后挺，抵住座椅，做出应急动作。

　　如果发生得十分突然，已经来不及做出应急动作，立刻双手抱头并保护好胸部，避免头部和胸部因碰撞受伤。

在车辆冲出马路的瞬间，切勿惊慌乱动，驾驶员此时更应保持冷静。如果车辆没有发生翻滚，缓缓停车后让乘客下车；如果发生翻滚的话，应抓紧身边的固定物，与车子保持同轴滚动，避免严重撞伤

汽车坠入水中时怎样逃生

急救常识

常见的事故急救

公共场所事故急救

火灾中的急救

交通事故急救

动物造成伤害后的急救

中毒后的急救

户外活动中的急救

自然灾害中的急救

遇到人为危险时的自救

汽车坠入水中以后并不会立即下沉，可把握下沉前的一分半钟甚至两分钟从车门或车窗及时逃生。

·刚落水时尽快逃生：汽车落水后，不会瞬间沉到水底，车门最容易打开。因此，首先应解开安全带，从侧门逃生是第一选择。如果时间耽误了，水漫过了车窗，推不开车门就尽快砸窗自救。不会游泳无法自救的，则应尽快报警，为救援争取宝贵时间。

·砸窗应选侧窗位置：因防爆膜多数也贴在前后挡风玻璃上，而侧车窗比前后挡风玻璃厚度小，所以首选敲打侧窗玻璃逃生，敲击时采取垂直敲击，因为接触面积最小压强最大，玻璃最易砸碎。

·砸击点选边角位置：砸窗时应首选使用安全锤、榔头或消防斧等分量重的工具，敲打玻璃边缘和四角，迅速破坏钢化玻璃的张应力和压应力的平衡，达到碎裂的目的。

·无锤时利用车内工具：汽车未配备安全锤等工具时，建议利用车上工具如座椅头枕上的钢棍或车载灭火器。拔出座椅头枕后，砸窗时手持一根钢棍，用另一根钢棍用力击打玻璃四角，或将钢棍尖端插到玻璃和窗框的缝隙中，用力撬也可导致玻璃变形而碎裂。车载灭火器砸窗时选择敲打玻璃边缘和四角位置。还可以使用安全带的搭扣，将金属搭扣尖端插入玻璃和窗框的缝隙中，抽出安全带用力一拉，玻璃就会因为变形而碎裂。用脚踹、肘击、高跟鞋、手表、皮带扣等没有任何用处，不要浪费宝贵的逃生时间。

·砸窗时防护并控制身体：破窗过程中会有大量的玻璃飞溅，注意防护遮挡脸部和手部，避免造成身体伤害；破窗瞬间会有大量水从车窗涌进车身，易造成身体翻滚远离逃生出口，注意控制身体位置。

·破窗后钻窗或开门逃生：破窗后，条件允许的则从车窗直接逃出，如果不能则扶住车门把，待水流稳定，车门水压基本平衡后，立即开门逃脱。

如果没有来得及破窗逃生，也不必过于惊慌，即使汽车沉下水底，也有办法逃生，因为车厢注水可能需半小时左右，具体的时间视车窗是否打开、车身是否密封及水深程度而定。汽车下沉越深，水压越大，注水也就越快。

用座椅头枕砸窗

不能用手肘撞击

不能用脚踹开车窗

用灭火器砸窗

注意汽车落水后不同时期的逃生步骤，如果一时慌乱，过早或过晚砸窗逃生，都会造成不利的影响

急救常识

常见的事
故急救

公共场所
事故急救

火灾中的
急救

交通事故
急救

动物造成伤
害后的急救

中毒后的
急救

户外活动
的急救

自然灾害
中的急救

遇到人为危
险时的自救

汽车是有一定闭水性能的，汽车入水后，不要急于打开车窗和车门，而应该关闭车门和所有车窗，阻止水涌进。引擎所在的一端会首先下沉，另一端的车顶部会困住一些空气，可借以活命。如有时间，开亮前灯和车厢照明灯，既能看清四周，也便于救援人员搜索。解开安全带，伸头进空气泡中呼吸，如果引擎在车头，爬到后座，争取时间关上车窗和通风管道，以保留车厢内的空气。

逐渐下沉中，车身孔隙不断进水，到内外压力相等时，车厢内水位才不再上升。这段时间要保持镇定，耐心等待。内外压力不等时，欲强行打开车门反而会方寸大乱，减少逃生机会。

当水位不再上升时，做一个深呼吸，然后打开车门或车窗跳出。外衣需要先脱下，假如车门打不开，可用修车工具或在手上缠上衣服后打碎车窗玻璃。浮升时慢慢呼出空气。车里和肺里的空气压力跟水压一样，上升时肺里的空气会膨胀，若不呼出过多的空气，就会伤害肺脏。

假如车里不止一人，应手牵着手一起游出，要确定没有留下任何人。只要浮出水面，就有了生还的希望。

在汽车压力平衡时，吸足一口气

然后打开车门，游向水面

汽车起火时的自救方法

急救常识

常见的事
故急救

公共场所
事故急救

火灾中的
急救

交通事故
急救

动物造成伤
害后的急救

中毒后的
急救

户外活动
的急救

自然灾害
中的急救

遇到人为危
险时的自救

汽车油箱、油路外、轮胎、内部装饰、电路和其他电源都是易燃品，这些部分发生电气线路故障、油路故障、机械故障时，常常会引发火灾。

当汽车发动机发生火灾时，驾驶员应迅速停车，让乘车人员打开车门自己下车，然后切断电源，取下随车灭火器，对准着火部位的火焰正面猛喷，扑灭火焰。

汽车车厢货物发生火灾时，驾驶员应将汽车驶离重点要害地点（或人员集中场所）停下，并迅速向消防队报警。同时驾驶员应及时取下随车灭火器扑救火灾，当火一时扑灭不了时，应劝围观群众远离现场，以免发生爆炸事故，造成无辜群众伤亡，使灾害扩大。

当汽车在加油过程中发生火灾时，驾驶员不要惊慌，要立即停止加油，迅速将车开出加油站，用随车灭火器或加油站的灭火器以及衣服等将油箱上的火焰扑灭，如果地面有流散的燃料时，应用库区灭火器或沙土将地面的火焰扑灭。

当汽车在修理中发生火灾时，修理人员应迅速上车或钻出地沟，迅速切断电源，用灭火器或其他灭火器材扑灭火焰。

当停车场发生火灾时，一般应视着火车辆位置，采取扑救措施和疏散措施。如果着火汽车在停车场中间，应在扑救火灾的同时，组织人员疏散周围停放的车辆。如果着火汽车在停车场的一侧时，应在扑救火灾的同时，组织疏散与火相连的车辆。

当公共汽车发生火灾时，由于车上人多，要特别冷静果断，首先应考虑救人和报警，视着火的具体部位而确定逃生和扑救方法。如着火的部位在公共汽车的发动机，驾驶员应开启所有车门，令乘客从车门下车，再组织扑救火灾。如果着火部位在汽车中间，驾驶员开启车门后，乘客应从两头车门下车，驾驶员和乘车人员再扑救火灾、控制火势。如果车上线路被烧坏，车门开启不了，乘客可从就近的窗户下车。如果火焰封住了车门，车窗又因人多不易下去，可用衣物蒙住头从车门处冲出去。

当驾驶员和乘车人员衣服被火烧着时，如时间允许，可以迅速脱下衣服，用脚将衣服的火踩灭；如果来不及，乘客之间可以用衣物拍打或用衣物覆盖火势以窒息灭火，还可以就地打滚滚灭衣服上的火焰。

当汽车被撞后发生火灾时，由于被撞车辆零部件损坏，乘车人员伤亡比较严重，首要任务是设法救人

汽车起火的原因大多都是发动机电气线路故障引起的，火源通常也就在前机盖下

火车发生事故时怎样保证安全

急救常识　常见的事故急救　公共场所事故急救　火灾中的急救　交通事故急救　动物造成伤害后的急救　中毒后的急救　户外活动中的急救　自然灾害中的急救　遇到人为危险时的自救

与汽车车祸相比，火车发生严重事故较为少见，但是也不能放松警惕，火车发生事故通常有两类：与其他火车相撞或者火车出轨。当火车事故发生时，你在这种事故中几乎不可能完全不受伤，但是你可以做一些防护措施以尽量减少事故造成的伤害。出轨的征兆是紧急的刹车，剧烈的晃动，而且车厢向一边倾倒。

在判断火车失事的瞬间，应采取如下措施：

①脸朝行车方向坐的人要马上抱头屈肘伏到前面的坐垫上，护住脸部，或者马上抱住头部朝侧面躺下。

②背朝行车方向坐的人，应该马上用双手护住后脑部，同时屈身抬膝护住胸、腹部。

③发生事故，如果座位不靠近门窗，应留在原位，抓住牢固的物体或者靠坐在座椅上。低下头，下巴紧贴胸前，以防头部受伤。若座位接近门窗，就应尽快离开，迅速抓住车内的牢固物体。

④在通道上坐着或站着的人，应该面朝着行车方向，两手护住后脑部，屈身蹲下，以防冲撞和落物击伤头。如果车内不拥挤，应该双脚朝着行车方向，两手护住后脑部，屈身躺在地板上，用膝盖护住腹部，用脚蹬住椅子或车壁，同时提防被人踩到。

⑤在厕所里，应背靠行车方向的车壁，坐到地板上，双手抱头，屈肘抬膝护住腹部。

⑥事故发生后，如果无法打开车门，那就把窗户推上去或砸碎窗户的玻璃，然后脚朝外爬出来，但是你要时刻注意碎玻璃是非常危险的。同时，还要小心触电，因为铁轨可能会带电。如果车厢看起来也不会再倾斜或者翻滚，待在车厢里等待救援是最安全的。

⑦确定火车停下需要跳车避险时，应注意对面来车并采取正确的跳车方法。跳下后，要迅速撤离，不可在火车周围徘徊，这样很容易发生其他危险。

⑧离开火车后，应设法通知救援人员。如附近有一组信号灯，灯下通常有电话，可用来通知信号控制室，或者就近寻找电话报警。

⑨在都市乘坐地铁或是城市轻轨时，不要倚靠在车门上，应尽量往车厢中部走。一旦发生撞车事故，车厢两头和车门附近是很危险的。

⑩发生事故后，一切行动听列车工作人员的指挥。

面向行车方向的
人注意保护脸部

背向行车方向的
人注意保护后脑

如果需要跳车逃生的话，一定要注意保护好自己，采取正确的跳车方法

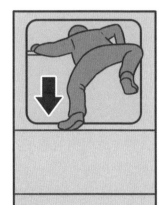

面向车身，腿朝外爬出

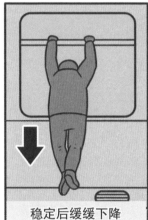

稳定后缓缓下降

向侧前方跳下

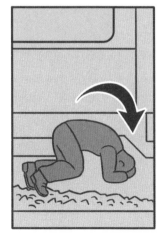

利用翻跟斗减轻冲撞

火车起火后如何自救

当所乘坐的火车发生火灾事故时，要沉着、冷静、准确判断，切忌慌乱，然后采取措施逃生。

让火车迅速停下来

旅客首先要冷静，千万不能盲目跳车，那无疑等于自杀。使火车迅速停下是首要选择。失火时应迅速通知列车员停车灭火避难，或迅速冲到车厢两头的连接处，找到链式制动手柄，按顺时针方向用力旋转，使列车尽快停下来。或者是迅速冲到车厢两头的车门后侧，用力向下扳动紧急制动阀手柄，也可以使列车尽快停下来。

在乘务人员疏导下有序逃离

运行中的旅客列车发生火灾，列车乘务人员在引导被困人员通过各车厢互连通道逃离火场的同时，还应迅速扳下紧急制动闸，使列车停下来，并组织人力迅速将车门和车窗全部打开，帮助未逃离火车厢的被困人员向外疏散。

当起火车厢内的火势不大时，列车乘务人员应告诉乘客不要开启车厢门窗，以免大量的新鲜空气进入后，加速火势的扩大蔓延。同时，组织乘客利用列车上灭火器材扑救火灾，还要有秩序地引导被困人员从车厢的前后门疏散到相邻的车厢。当车厢内浓烟弥漫时，要告诉被困人员采取低姿行走的方式逃离到车厢外或相邻的车厢。

利用车厢前后门逃生

旅客列车每节车厢内都有一条长约20米、宽约80厘米的人行通道，车厢两头有通往相邻车厢的手动门或自动门，当某一节车厢内发生火灾时，这些通道是被困人员利用的主要逃生通道。火灾时，被困人员应尽快利用车厢两头的通道，有秩序地逃离火灾现场。

利用车厢的窗户逃生

旅客列车车厢内的窗户一般为70厘米×60厘米，装有双层玻璃。在发生火灾情况下，被困人员可用坚硬的物品将窗户的玻璃砸破，通过窗户逃离火灾现场。

失火后及时通知列车员，让火车停下来进行灭火

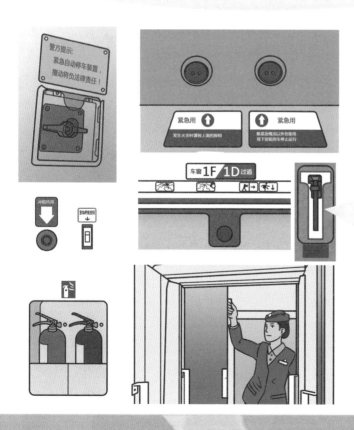

学会利用火车上的紧急设施，比如紧急制动阀、灭火器、报警器等，出现状况后不要慌乱，应在列车员的引导下有序疏散

飞机发生意外时如何自救

急救常识

故急救 常见的事

事故急救 公共场所

急救 火灾中的

急救 交通事故

害后的急救 动物造成伤

急救 中毒后的

的急救 户外活动

中的急救 自然灾害

险时的自救 遇到人为危

虽然飞机是目前世界上最安全的交通工具之一，但由于飞机一出事故就难以挽救，且影响巨大，因此，许多人在乘飞机时都很担心安全问题。作为一名乘客，应该注意哪些问题才能使飞行更加安全呢？

·飞机最易发生危险是在起飞和降落的时候，因此起飞时应该花几分钟仔细观看安全须知录像或乘务人员的演示，以保证碰到紧急情况时，心中有数。

·各种不同机型的逃生门位置都不同，乘客上了飞机之后，要留意与自己座位最近的一个紧急出口。要学会紧急出口的开启方法（一般机门上会有说明），飞机万一失事，可能要在浓烟中找寻出口，把门打开。

·把椅背袋里的紧急措施说明拿出来看一遍。

·竖直椅背，突发紧急状况时，打开的椅背会把后方乘客的逃生通道卡住。

·收回小桌板，保证自己这一排逃生通道畅通。

·打开遮阳板，这样可以保持良好的视线，以确保乘客可以在紧急状况发生时望向机外的情形，以决定向哪一个方向逃生。

·摘下眼镜、项链、戒指、假牙和高跟鞋，口袋里的尖锐物件如手机、钢笔等也应该拿出来。

一旦意外发生时，机上乘客应该保持冷静，一定要听从乘务人员的指示，毕竟乘务人员在飞机上的首要任务，就是为了维护安全，而且他们都受过严格训练，善于应付紧急事故。同时，乘客自己也应做好自救措施。

登机时看清紧急出口

登机后数一数自己的座位与出口之间隔着几排，这样即使机舱内看不见，也可摸着椅背找到出口。发生意外时，先回忆紧急出口的位置，不要盲目跟随人流跑动。飞机发生紧急情况时，紧急出口是最重要逃生通道。通常飞机发生事故时，机舱内漆黑一片，所以请不要盲目地跟随人流跑动，注意观察过道内的荧光条，并抓紧时间回忆一下紧急出口的位置。如果发现紧急出口也已经起火或被浓烟包围，那么，就要向着有光亮的地方跑。黑暗中，有光的地方往往就是逃出飞机的通道。

竖直椅背、收起小桌板等小细节都能提高发生意外时逃生的概率，因此在平时乘坐飞机的时候应当学会保持这样的习惯

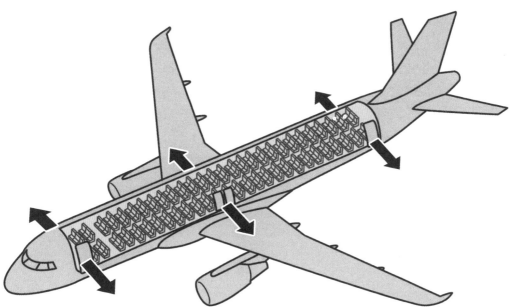

无论是哪种型号的飞机，都会留有数个紧急出口，因此在登机时就应看清靠近自己的紧急出口所在的位置，可能的话尽量记住距自己几排，避免由于发生火灾或被浓烟覆盖时找不到

急救常识

常见的事故急救

公共场所事故急救

火灾中的急救

交通事故急救

动物造成伤害后的急救

中毒后的急救

户外活动中的急救

自然灾害中的急救

遇到人为危险时的自救

学会解安全带

如果机组已经发生了迫降预警,旅客们首先要做的是,确认安全带是否扣好系紧。如果飞机发生事故时,会产生强大的冲击力,这也会对旅客的身体产生致命伤害。而安全带在这时就会发挥出重要作用。

等到飞机着陆或者停稳后,顺利地解开安全带也颇为关键。建议旅客登机入座后,可以重复几次系、解安全带的动作,以防后患。

坠地时正确做法

赶快逃离残骸。在飞机坠毁后,如果伴有起火冒烟,乘客一般只有不到两分钟的逃离时间。如果飞机坠毁在陆地上,乘客应该逃到距离飞机残骸200米以外的上风区域,但不要逃得太远,以方便救援人员寻找。

没有绝对的安全位置

对于有人曾经提出的机舱内安全座位区的说法,从构造上看,机舱内的任何一个位子的安全性都是同样的。每次空难,飞机着地的姿态都不尽相同,这便意味着,安全区每次都不同。

用湿手帕捂住口鼻

发生意外时,要避免吸入有害气体,并赶在火势严重前逃离。一旦飞机迫降后起火,浓烟便会在短时间内弥漫机舱。实际上,很多遇难旅客死于吸入了有毒浓烟。浓烟被吸入人体后的瞬间,旅客便会失去意识。这便意味着逃生过程的终止。

阅读飞机上提供的安全手册，记清楚发生意外后的处理方式。
解开安全带、使用氧气面罩、使用救生衣等，这些内容在登机
后乘务人员都会教会你如何使用，不要忽略这些小细节

乘船遇险以后怎样自救

急救常识　常见的事故急救　公共场所事故急救　火灾中的急救　交通事故急救　动物造成伤害后的急救　中毒后的急救　户外活动的急救　自然灾害中的急救　遇到人为危险时的自救

运载旅客的轮船遇险后，乘客需要保持冷静，沉着应对；要听从工作人员的指挥，迅速穿上救生衣，不要惊慌，更不要乱跑，以免影响客船的稳定性和抗风浪能力。在撤离舱室前，应尽可能多穿衣服，能穿不透水的衣服则更好，戴上手套、围巾，穿好鞋袜，穿戴妥当之后再穿救生衣。如果时间允许，离开舱室前还应带些淡水、食物，带一件大衣或一条毛毯。

以上工作就绪后，应迅速到指定的救生艇甲板集合，此时必须绝对服从指挥，发扬互爱的精神，有秩序地登艇，避免争先恐后而发生混乱和意外的事故。在弃船时，如无法直接登上救生艇或救生筏离开大船，就不得不跳水游泳离开。

· 跳水前应尽量选择较低的位置。

· 查看水面，要避开水面上的漂浮物。

· 不能直接跳入艇内或筏顶及筏的入口处，以免身体受伤或损坏艇、筏。

· 应从船的上风舷跳下，如船左右倾斜时应从船艏或船艉跳下。

在寒冷的气候中应蜷缩身体，用物品如帆布等包裹身体或大家拥在一起等方法保持体温，并适度活动身体保持血液流通，防止肌肉或关节僵硬。

如果穿救生衣或持有救生圈在水中，那么应采取团身屈腿的姿势以减少体热散失。除非离岸较近，或是为了靠近船舶及其他落水者，以及躲避漂浮物、旋涡，一般不要无目的地游动，以保存体力。

要设法发出声响（例如吹救生衣上配备的哨笛）和显示视觉信号（例如摇动色彩鲜艳的衣物），以便岸上或其他船只发现。

正确使用救生衣

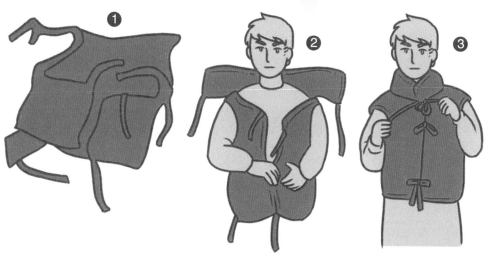

在救生衣内尽可能多地穿衣
服，不透水最好

急救常识

常见的事故急救

公共场所事故急救

火灾中的急救

交通事故急救

动物造成伤害后的急救

中毒后的急救

户外活动的急救

自然灾害中的急救

遇到人为危险时的自救

专题：发生交通事故时的处理流程

发生交通事故时，处理时一般要遵循以下流程进行。

·立即停车

停车后按规定拉紧手制动，切断电源，开启危险报警闪光灯。如在夜间，须开示宽灯、尾灯。若在高速公路上，须按规定在车后设置危险警告标志。

·及时报案

当事人应及时将事故发生的时间、地点、肇事车辆及伤亡情况，打电话或委托过往车辆、行人向附近的公安机关或执勤民警报案。同时也可向附近的医疗单位、急救中心呼救、求救。如现场发生火灾，还应向消防部门报告。

·保护现场

保护现场的原始状态，其中的车辆、人员、牲畜和遗留的痕迹、散落物不能随意挪动位置。为抢救伤者，应在其原始位置做好标记，不得故意破坏、伪造现场。在警察到来之前，当事人可用绳索等设置警戒线，保护好现场。

·抢救伤者或财物

当确认受伤者的伤情后，能采取紧急抢救措施的应尽最大努力抢救，设法送附近医院抢救治疗。除未受伤或虽有轻伤但本人拒绝去医院诊断的之外，一般可以拦搭过往车辆或通知急救部门、医院派救护车前来抢救。应妥善保管现场物品或被害人的钱财，防止被盗被抢。

·防火防爆

当事人首先应关掉车辆的引擎，消除火灾隐患，现场禁止吸烟。如果是载有危险物品的车辆发生事故，除将此情况报告警方及消防人员外，还要采取防范措施。

·协助现场调查取证

当事人必须如实向公安交通管理机关陈述事发经过，不得隐瞒交通事故的真实情况。应积极配合、协助警察做好善后处理工作，并听候处理。

第六章
动物造成伤害后的急救

　　人和动物同处大自然中，难免不会相互伤害。即使人类喜爱的猫、狗，有时也会向主人发动攻击，更何况是其他不受人类待见的动物。在野外，人们就经常被蜈蚣、毒蛇等咬伤，那么，被咬伤后怎么处理呢？

　　本章要介绍的就是被动物咬伤后的处理方式和急救措施。

【一旦被咬伤，必须紧急处理，越早效果越好】

防疫站

被猫狗咬伤的处理方式

急救常识

常见的事故急救

公共场所事故急救

火灾中的急救

交通事故中的急救

动物造成伤害后的急救

中毒后的急救

户外活动中的急救

自然灾害中的急救

遇到人为危险时的自救

现在很多家庭都喜欢养宠物，很多时候宠物都是温顺的，但有时也会性情突变咬伤人，如果所养宠物携带有狂犬病毒，被咬伤感染狂犬病毒的患者，死亡率几乎为100%。那么，被狗或猫咬伤怎么处理呢?

第一步要做的并不是去医院，而是冲洗伤口，分秒必争，以最快速度把沾染在伤口上的狂犬病毒冲洗掉。因为时间一长病毒就进入人体组织，沿着神经侵犯中枢神经，置人于死地。二是要彻底，由于狗、猫咬的伤口往往外口小，里面深，这就要求冲洗时，尽量把伤口扩大，让其充分暴露，并用力挤压伤口周围软组织，而且冲洗的水量要大，水流要急，最好是对着自来水龙头急水冲洗。三是伤口不可包扎，除了个别伤口大且伤及血管时需要止血，一般不上任何药物也不要包扎，因为狂犬病毒是厌氧的，在缺乏氧气的情况下，狂犬病病毒会大量生长。

如果有条件，最好用20%的肥皂水进行冲洗，连续冲上20~30分钟。接着用碘酒消毒，再用酒精洗掉碘酒，如此反复3次。

然后，再将伤口的上端用布带结扎后，在最短的时间内送往附近医院。

马上到当地防疫部门注射疫苗，绝不能拖几天才去注射。狂犬病潜伏期短的10天左右就发病，长的则可能要好几年。

处理"肇事"的猫或狗。最好将"肇事"的猫或狗等宠物带到动物医院做检查，了解是否有可能患狂犬病，如果怀疑有狂犬病感染的症状，就要立即将这只宠物处理掉，以免其他人被它伤害。

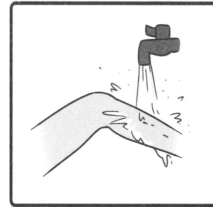

被猫狗咬伤后，第一步要做的事情就是冲洗伤口，并且越早越好

伤口冲洗完毕后，送往附近医院或防疫站注射狂犬疫苗

防疫站

毒蛇咬伤后的急救措施

急救常识

常见的事故急救

公共场所事故急救

火灾中的急救

交通事故急救

动物造成伤害后的急救

中毒后的急救

户外活动中的急救

自然灾害中的急救

遇到人为危险时的自救

我国蛇的种类较多，其中毒蛇有 50 余种，有剧毒的就有 10 种。人们在野外旅游、运动、娱乐、劳动时，有时候可能会被毒蛇咬伤。毒蛇的毒液中含有使延髓（也称延脑，位于脑的最下部与脊髓相连）麻痹的神经毒素及破坏毛细血管、溶解红细胞的出血毒素。人体中毒后，会出现局部变色、肿胀、疼痛、头晕、呕吐、恶心、呼吸困难、瘫痪、休克、昏迷等症状，抢救不及时，会很快死亡。

一旦被毒蛇咬伤，必须紧急处理，越早效果越好。

首先要保持镇静，千万不要惊慌、奔跑，否则会加快毒素的扩散。

被毒蛇咬伤后，应该立即用布带在伤口的近心端 5 厘米处勒紧，并每隔 20~30 分钟放松一次，以避免肢体缺血坏死。然后用冰块或凉水敷于局部以降温，防止毒素扩散。

有高锰酸钾溶液的，可以立即拿来冲洗伤口，如果没有高锰酸钾溶液，也可用盐水、凉开水冲洗。

如果蛇的毒牙留在身体中，应马上拔出。

如果能够看清牙痕，或是挤压伤处有水样的毒液渗出，就可以立即用小刀将伤口割成"十"字形，周围皮肤可做数个小切口，切口不宜太深，只要切至皮下能使毒液排出即可，或者直接用口对着伤口大力地将毒液吸出吐掉。

有条件的话，可以用拔火罐或者吸乳器反复抽吸伤口，将毒液吸出。紧急时用嘴对伤口吸吮毒汁出来，急救者吸吮后立即吐出，将口嗽干净，但口腔有伤口时禁止使用此法。

经过排毒处理的伤员要送往医院，进行进一步急救。

无毒蛇牙痕

毒蛇牙痕

通过伤口分辨是否被毒蛇咬伤

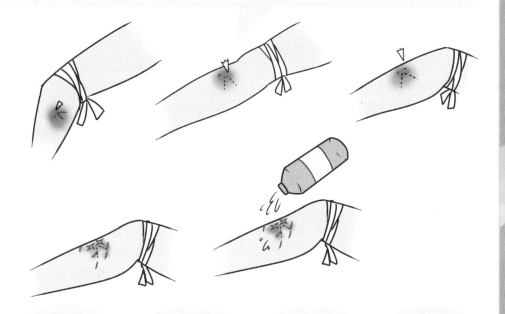

| 手指 | 手掌或前臂 | 膝关节以上 | 踝关节以上 |

被毒蛇咬伤之后，应在近心端5厘米处绑扎勒紧

蜈蚣咬伤后如何救治

急救常识

常见的事故急救

公共场所事故急救

火灾中的急救

交通事故急救

动物造成伤害后的急救

中毒后的急救

户外活动中的急救

自然灾害中的急救

遇到人为危险时的自救

蜈蚣有一对中空的螯，咬人后毒液经此进入皮下。蜈蚣咬人后局部表现为疼痛、瘙痒。全身表现为头痛、发热、恶心呕吐、抽搐及昏迷等。蜈蚣越大，症状越重，儿童被咬伤，严重者可危及生命。

蜈蚣咬伤的危重程度应综合考虑到以下方面因素：蜈蚣的大小与毒液注入量有关；局部症状与全身中毒症状表现；过敏反应的表现。

小型蜈蚣咬伤。出现局部疼痛，被咬伤处有白色圆形隆起，其后潮红，可有水肿，表皮坏死，淋巴结炎，一般在 1~3 星期内好转、消失。部分患者未经有效治疗，伤后 1 个月仍有局部肿胀、瘙痒等。

大型蜈蚣咬伤。局部灼热肿胀、剧痛、灼痛难忍。重者可出现局部水泡或坏死，有明显淋巴管和淋巴结炎。毒素吸收后也可出现全身中毒症状。如头晕、眩晕、恶心、呕吐、发热等，甚至出现抽搐、昏迷。幼儿因体重轻，往往全身症状重。

过敏反应。部分患者有类似蜂毒过敏反应，曾经出现过敏症状，甚至出现过敏性休克及致死病例报道。

被蜈蚣咬伤后应立即用肥皂水清洗伤口，局部应用冷湿敷伤口，亦可用鱼腥草、蒲公英捣烂外敷。在伤肢上端 2~3 厘米处用布带扎紧，每 15 分钟放松 1~2 分钟，伤口周围可用冰敷，切开伤处皮肤，用抽吸器或拔火罐等吸出毒液，并选用高锰酸钾液、石灰水冲洗伤口。有过敏征象者，应服抗组织胺类药物，如苯海拉明、氯苯那敏等。

症状较重者应到医院治疗。

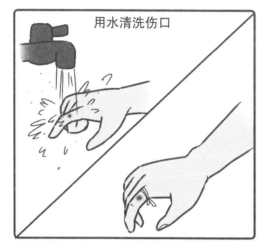

用水清洗伤口

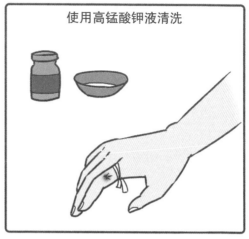

使用高锰酸钾液清洗

如果感到症状严重
应立即前往医院

被蜈蚣咬伤之后不仅仅是
中毒，很多人还会伴随着
过敏症状，这类患者一定
要前往医院检查治疗

蝎子蜇伤后怎么办

急救常识

常见的事
故急救

公共场所
事故急救

火灾中的
急救

交通事故
急救

动物造成伤
害后的急救

中毒后的
急救

户外活动
的急救

自然灾害
中的急救

遇到人为危
险时的自救

　　蝎子的尾端有一根与毒腺相通的钩形毒刺，蜇人时毒液由此进入伤口。蝎毒内含毒性蛋白，主要有神经毒素、溶血毒素、出血毒素及使心脏和血管收缩的毒素等，轻者出现红肿灼痛，重者头晕呕吐、呼吸急促、脉搏衰弱、肌肉痉挛，甚至可能有生命危险。

　　蝎子喜欢栖息于室内外阴暗潮湿的环境，白天常潜伏于阴暗处，夜晚出来活动觅食，人们大多在夜间乘凉或是在屋角、阴湿之处打扫卫生时受到蝎子的攻击。

　　一旦被蝎子蜇伤，应尽快按照如下方法处理。

　　·伤口处若有毒刺残留，应尽快拔去。

　　·用手从伤口四周向伤口处用力挤压，尽量将含有毒素的血液挤出。也可以用吸奶器、拔火罐等方式帮助排出毒液。

　　·局部冷敷，伤口用淡碱水、肥皂水或 2% 碳酸氢钠液局部涂敷，以减缓毒素的吸收和扩散。

　　·伤口周围也可以蛇药或蒲公英的白汁涂抹。

　　·情况比较严重的话，需在伤口近心端结扎止血带，并将伤口呈"十"字形切开，再用 1 ：5000 高锰酸钾液冲洗伤口。有条件的应注射抗蝎毒血清并给予氢化可的松 100~200 毫克静脉滴注，采取适当措施预防继发性感染和肺水肿。

　　·若是仍未见好转，需尽快送往医院救治。

　　除了被蝎子蜇伤，被毒蜘蛛咬伤或被蜂蜇伤也可以采取同样的方法处理。

蝎子喜欢栖息在阴暗潮湿的环境中，多在夜晚活动

尽早挤出毒血

在阴暗环境中应留神观察

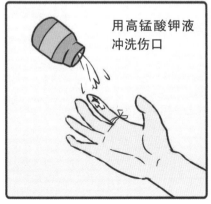

用高锰酸钾液冲洗伤口

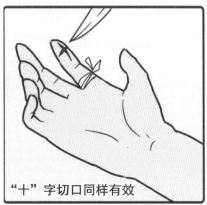

"十"字切口同样有效

急救常识 救急救 事故急救 急救 急救 害后的急救 急救 的急救 中的急救 险时的自救

常见的事 公共场所 火灾中的 交通事故 动物造成伤 中毒后的 户外活动 自然灾害 遇到人为危

专题：被蛇咬伤的误区

误区一：小蛇不毒

虽然一般情况下被大蛇咬伤症状更严重，但是在很多情况下，刚孵化出不久的小蛇完全有可能比它那茶杯口粗的蛇妈妈毒性大。比如大蛇捕食频繁，咬人时注毒量较少。反之，小蛇尤其是刚刚孵化的小蛇较少捕食，因此咬人时注毒量相对较多，而且小蛇大多初生牛犊不怕虎，对人凶狠。蛇的种类不同，毒性强弱也不同，如银环蛇的个头通常很小，但是它的蛇毒毒性却极强。所以，哪怕遇到小蛇，也不能掉以轻心。

误区二：暂时没有不适应该没事

很多人被蛇咬过之后的几十分钟内并没有不适感，这时候就有人大意地认为那一定是无毒蛇了。这是极其常见的认识谬误，实际上，有些毒蛇咬伤后的症状要经过 1 到 4 小时才能显现出来。

误区三：被蛇咬了，必死无疑

首先必须清楚的是，野外无毒蛇占多数，被无毒蛇咬伤的人，因为精神过度紧张，也可能因惊恐而出现伤口剧痛红肿甚至昏倒的现象，这是心理暗示的结果。即便是有毒蛇咬伤，大多数也因为多种因素的关系，毒蛇咬人时不一定放出毒液或把足够量的毒液注入人体，被毒蛇咬伤的人只有小部分中毒症状比较严重有生命危险。

第七章
中毒后的急救

生活中很多情况下会导致中毒，常见有煤气中毒、食物中毒等，那么一旦中毒要采取哪些急救方法呢?

本章要介绍的就是中毒后的几种急救方法。

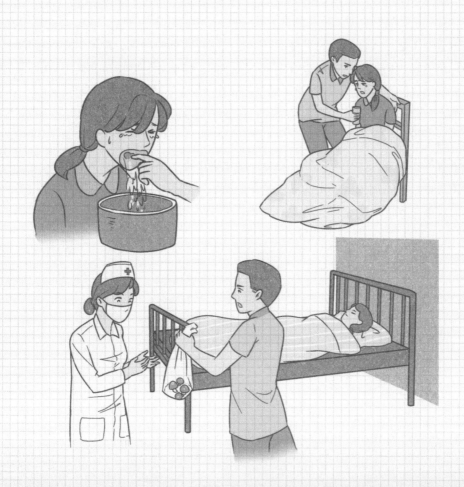

发现煤气中毒者以后如何抢救

急救常识

故急救 常见的事

事故急救 公共场所

急救 火灾中的

急救 交通事故

害后的急救 动物造成伤

急救 中毒后的

的急救 户外活动

中的急救 自然灾害

险时的自救 遇到人为危

煤气中毒通常是人吸入了煤气中的大量一氧化碳中毒。一氧化碳无色无味，常在意外情况下，特别是在睡眠中不知不觉侵入呼吸道，通过肺泡的气体交换进入血液，并散布全身，造成中毒。

一氧化碳中毒后人体血液将不能及时供给全身组织器官充分的氧气，此时，血中含氧量明显下降。大脑是最需要氧气的器官之一，由于体内的氧气只够消耗10分钟，一旦断绝氧气供应，将很快造成人的昏迷并危及生命。

煤气中毒该如何救治

·应尽快让患者离开中毒环境，并立即打开门窗，流通空气。

·患者应安静休息，避免活动后加重心、肺负担及增加氧的消耗量。

·对有自主呼吸的患者，应充分给予氧气吸入。

·对昏迷不醒、皮肤和黏膜呈樱桃红或苍白、青紫色的严重中毒者，应在通知急救中心后就地进行抢救，及时进行人工心肺复苏，即胸外心脏按压和人工呼吸。其中在进行口对口人工呼吸时，若患者嘴里有异物，应先去除，以保持呼吸道通畅。

·争取尽早对患者进行高压氧舱治疗，以减少后遗症。即使是轻度、中度中毒也应进行高压氧舱治疗。

除了煤气中毒之外，还有几种可能会一氧化碳中毒的情况，比如在不通风的汽车中停留过久、在密闭的浴室中洗澡或是在密闭的空间中生火取暖等，同样可以参照上述方法进行急救。

立即打开窗户通
风换气

对昏迷者进行检查

进行人工呼吸

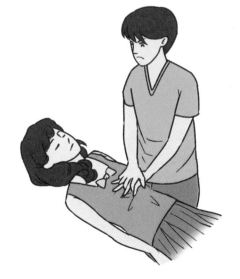

心脏按压

食物中毒时怎样急救

　　食物中毒是指食用了不利于人体健康的食物而导致的急性中毒性疾病，通常都是在不知情的情况下发生食物中毒。食物中毒是由于进食被细菌及其毒素污染的食物或摄食含有毒素的动植物如毒蕈（有毒的大型菌类）、河豚等引起的急性中毒性疾病。食物中毒因细菌、毒素种类的不同会出现不同的症状，并不容易判断。

　　一般食物中毒会表现为剧烈呕吐、腹泻、中上腹疼痛，甚至会因上吐下泻脱水，造成口干、皮肤弹性小、四肢冰凉、脉搏减弱、血压降低等。

　　当食物中毒以后应如何进行急救呢？

　　首先，立即停止食用可疑食品，喝大量洁净水以稀释毒素，用筷子或手指向喉咙深处刺激咽后壁、舌根进行催吐并及时就医。用塑料袋留好呕吐物或大便，带去医院检查，有助于诊断。

　　若出现抽搐、痉挛症状时，马上将病人移至周围没有危险物品的地方，并取来筷子，用手帕缠好塞入病人口中，以防止咬破舌头。

　　简单急救后症状无缓解迹象，甚至出现失水明显、四肢寒冷、腹痛腹泻加重、面色苍白、大汗、意识模糊、说胡话或抽搐甚至休克，应立即送医院救治。

　　了解与病人一同进餐的人有无异常，并告知医生和一同进餐者。

　　若是出现了多人同时食物中毒的情况，还应及时向当地疾病预防控制机构或卫生监督机构报告。

头痛

剧烈腹泻

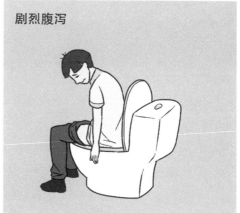

大量饮水稀释毒素

催吐能够减轻中毒程度

若已经出现抽搐，立即送往医院

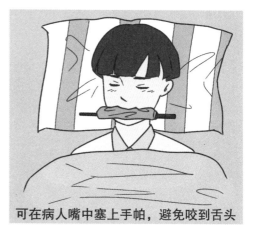

可在病人嘴中塞上手帕，避免咬到舌头

头痛、腹泻、呕吐等症状都可能是食物中毒造成，一旦出现严重的类似症状，应及时送往医院救治

误食毒蘑菇以后怎么办

急救常识

常见的事故急救

公共场所事故急救

火灾中的急救

交通事故急救

动物造成伤害后的急救

中毒后的急救

户外活动的急救

自然灾害中的急救

遇到人为危险时的自救

　　生活中有很多蘑菇和其他种类真菌都是可以吃的。不过大家一定要特别的注意，采食野生的蘑菇是很危险的。毒蘑菇生长广泛，有些与食用菇没有明显区别，仅凭肉眼难以鉴别。误食毒蘑菇中毒以后要怎么办呢？

　　食用毒蘑菇后一般 10~30 分钟后发病，出现恶心、呕吐、剧烈腹泻和腹痛等症状，可伴多汗、流口水、眼泪、脉搏细弱等表现，可有黄疸、贫血、出血倾向等体征，少数患者发生谵妄（谵妄是指一组综合征，又称为急性脑综合征，表现为意识障碍、行为无章、没有目的、注意力无法集中。）呼吸抑制，甚至昏迷、休克死亡。

　　一旦出现中毒症状，应该马上采取以下急救方法：

　　·立即拨打"120"急救电话，并保留毒菌样品供专业人员救治参考。

　　·在等待救护车期间，为防止反复呕吐发生的脱水，最好让患者饮用加入少量的食盐和食用糖的"糖盐水"，补充体液的丢失，防止休克的发生。

　　·对于已发生昏迷的患者不要强行向其口内灌水，防止窒息。

　　·为患者加盖毛毯保温。

　　·急救时最重要的是让中毒者大量饮用温开水或稀盐水，然后把手指伸进咽部催吐，以减少毒素的吸收。

　　蘑菇中毒的机理十分复杂，对于不同的蘑菇毒性及患者不同的体质，需要根据具体的情况采用不同的救治措施。

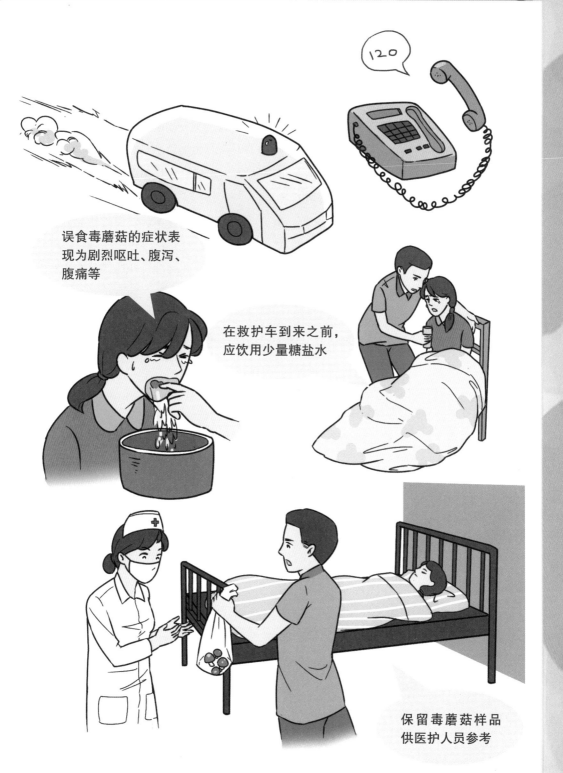

误食毒蘑菇的症状表现为剧烈呕吐、腹泻、腹痛等

在救护车到来之前，应饮用少量糖盐水

保留毒蘑菇样品供医护人员参考

药物中毒的急救方式

　　药物中毒一般是用药剂量超过极量而引起的中毒，误服或服药过量以及药物滥用均可引起药物中毒，常见的致毒药物有西药、中药，如果搞不清楚，就要将装药品或毒物的瓶子及患者呕吐物，一同带往医院检查，然后根据误服药物或毒物的不同而采用相应的措施，积极进行自救与互救。

　　如果是过量服用了维生素、健胃药、消炎药等，通常问题不大，只要大量饮水使之大部分从尿中排出或将其呕吐出来即可。

　　若是大量服用了安眠药、有机磷农药、石油制品及强酸强碱性化学液体等毒性或腐蚀性均较强的药物时，医院在附近的应立即去医院抢救。医院较远的话则应在呼叫救护车的同时进行现场急救。

　　现场急救的主要内容是立即催吐及解毒。催吐的目的是尽量排出胃内的毒物，减少其吸收。对于误服安眠药、有机磷农药的患者，可让病人大量饮用温水，然后用手指深入口内刺激咽部催吐。如此反复至少 10 次，直至呕吐物澄清、无味为止。催吐必须及早进行，若服毒时间超过三小时，毒物已进入肠道，催吐也就失去了意义。

　　同时还要注意：已昏迷的患者和误服汽油、煤油等石油产品者不能进行催吐，以防造成窒息。

　　对于误服强酸强碱性化学液体的患者，不可给予清水及催吐急救，而是应该立即给予牛奶、豆浆、鸡蛋清服下，以减轻酸碱性液体对胃肠道的腐蚀，同时立即送往医院急救。

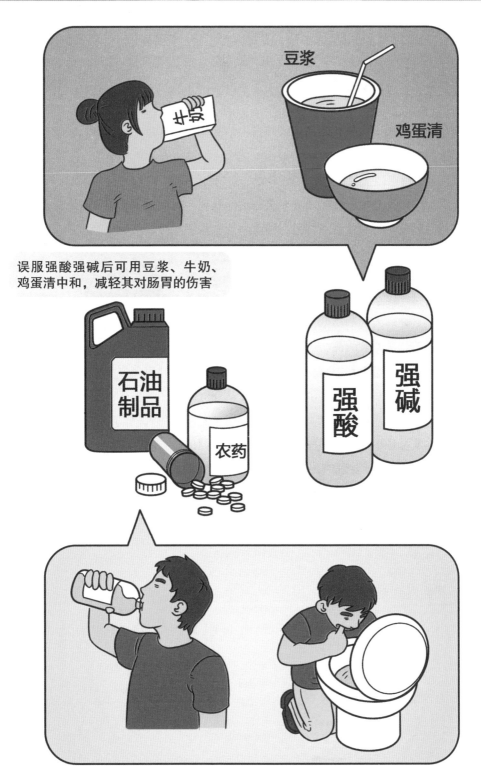

误服强酸强碱后可用豆浆、牛奶、鸡蛋清中和，减轻其对肠胃的伤害

氰化物中毒后怎样急救

急救常识

故急救 常见的事

事故急救 公共场所

急救 火灾中的

急救 交通事故

害后的急救 动物造成伤

急救 中毒后的

的急救 户外活动

中的急救 自然灾害

险时的自救 遇到人为危

氰化物中毒是由于氰化物通过呼吸道、消化道、皮肤进入人体体内所致的。氰化物中毒严重的话,很容易致命,所以懂得氰化物中毒的急救和治疗是十分有必要的。

呼吸吸入中毒的症状包括喉咙疼痛、头疼、意识模糊、呼吸短促、抽搐、昏迷等。为避免呼吸中毒,处理氰化物时应佩戴防毒面具;在对此类中毒患者进行急救处理时,应给其新鲜空气,让患者休息,注意不能做人工呼吸,然后由经过训练的人员为其提供氧气,并迅速送往专门的医疗机构。

消化道摄入中毒的症状包括有烧灼感、恶心、呕吐、腹泻等,也要注意患者很可能同时通过呼吸系统吸入了氰化物。要防止食道摄入中毒,处理氰化物时要避免饮食和吸烟,随后吃饭前应清洗双手;对食道摄入中毒患者进行急救处理时,如果患者清醒,则可促使其呕吐,因常用指压舌根的方式促使呕吐,急救者需要戴上防护手套,注意不能做人工呼吸,应由经过训练的人员为其提供氧气,并迅速送往专门的医疗机构。皮肤接触中毒的症状包括皮肤变红、疼痛等,要注意患者很可能同时通过呼吸系统吸入了氰化物。急救人员可以参考呼吸吸入氰化物的处理方式,同时要防止皮肤接触中毒,处理氰化物时应该穿专门的防护服,并戴上防护手套;对皮肤中毒患者进行急救处理时,应先脱去可能受污染的衣物(注意妥善处理相关衣物,不要发生二次污染),然后用大量的水冲洗皮肤,并迅速送往专门的医疗机构。

☞ **氰化物中毒可致人在几十分钟甚至十几分钟内死亡,因此急救和送往医院的速度非常关键。**

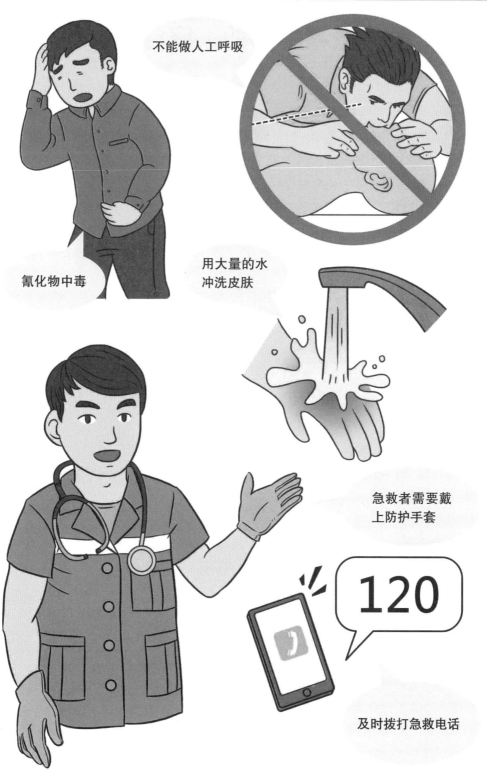

不能做人工呼吸

氰化物中毒

用大量的水
冲洗皮肤

急救者需要戴
上防护手套

120

及时拨打急救电话

专题：酒精中毒的家庭急救

酒精对中枢神经有抑制作用。饮酒后有松弛、温暖感觉，消除紧张，解乏和减轻不适感或疼痛。一次大量饮酒可产生醉酒状态，是常见的急性酒精中毒。长期大量饮酒可导致大脑皮层、小脑、脑桥和胼胝体变性，肝脏、心脏、内分泌腺损害，营养不良，酶和维生素缺乏等。

切忌开怀畅饮，很可能酩酊大醉，发生急性酒精中毒。空腹饮酒时，酒精1小时内有60%被吸收，2小时吸收量可达95.5%。酒精属微毒类，是中枢神经系统的抑制剂，作用于大脑皮层。饮酒后初始表现为兴奋，其后可累及皮层下中枢和小脑活动，影响血管运动中枢并抑制呼吸中枢，严重者可致呼吸、循环衰竭。酒精90%由肝脏分解，因此还可造成肝脏损害。

急性酒精中毒的表现可分为三个阶段：

第一阶段为兴奋期，表现为眼部充血，颜色潮红，头晕，人有欢快感，言语增多，自控力减低；

第二阶段为共济失调期，表现为动作不协调，步态不稳，身体失去平衡；

第三阶段为昏睡期，表现为沉睡不醒，脸色苍白，皮肤湿冷，口唇微紫，甚至陷入深昏迷，以致呼吸麻痹而死亡。急性酒精中毒症状的轻重与饮酒量、个体敏感性有关，大多数成人致死量为纯酒精250~500毫升（白酒酒精浓度为50%~60%）。

轻度醉酒者，可让其静卧，最好是侧卧，以防吸入性肺炎，注意保暖。治疗可用柑橘皮适量，焙干，研成细末，加入食盐少许，温开水送服，或绿豆50~100克，熬汤饮服。

重度酒精中毒者，应用筷子或勺把压舌根部，迅速催吐，然后用1%碳酸氢钠（小苏打）溶液洗胃。若中毒者昏迷不醒，应立即送医院救治。

第八章
户外活动的急救

　　户外探险、野外生存,越来越受现代人的喜爱,但也难免出现各种各样的突发事件。在进入自然环境进行探险活动时,如何能在此环境中安全生存的问题就显现出来了。

　　本章介绍的就是户外活动常见的几种急救方法与如何险中求生,希望对您的户外出行提供参考。

中暑的急救方法

急救常识

常见的事故急救

公共场所事故急救

火灾中的急救

交通事故害后的急救

动物造成伤害后的急救

中毒后的急救

户外活动的急救

自然灾害中的急救

遇到人为危险时的自救

中暑常发生在高温和高湿环境中，对高温、高湿环境的适应能力不足是致病的主要原因。在气温大于32℃、湿度大于60％的环境中，由于长时间工作或强体力劳动，又无充分防暑降温措施时，极易发生中暑。

此外，在室温较高、通气不良的环境中，年老体弱者、肥胖者、儿童及孕产妇耐热能力差，也易发生中暑。

中暑者一般表现为体温升高、乏力、眩晕、恶心、呕吐、头晕头痛、脉搏和呼吸加快、面红不出汗、皮肤干燥，重者出现高热、神志障碍、抽搐，甚至昏迷、猝死。

如果发现有人中暑，应按照如下方法进行急救：

·立即将病人移到通风、阴凉、干燥的地方，如走廊、树荫下。

·使病人仰卧，解开衣领，脱去或松开外套。若衣服被汗水湿透，应更换干衣服，同时开电扇或开空调（应避免直接吹风），以尽快散热。

·用湿毛巾冷敷头部、腋下以及腹股沟等处，有条件的话用温水擦拭全身，同时进行皮肤、肌肉按摩，加速血液循环，促进散热。

·意识清醒的病人或经过降温清醒的病人可饮服绿豆汤、淡盐水，或服用人丹、藿香正气水（胶囊）等解暑。

·一旦出现高热、昏迷抽搐等症状，应让病人侧卧，头向后仰，保持呼吸道通畅，同时立即拨打120电话，求助医务人员给予紧急救治。

发现有人中暑后,第一步就是将其转移到阴凉通风的地方,
对其进行降温处理;绿豆汤、淡盐水、人丹、藿香正气水
等都是解暑必备的药物

关节扭伤以后的急救措施

急救常识

故急救 常见的事

事故急救 公共场所

急救 火灾中的

急救 交通事故

害后的急救 动物造成伤

急救 中毒后的

的急救 户外活动

中的急救 自然灾害

险时的自救 遇到人为危

当人们在运动的时候，例如滑雪、跑步、爬山等，稍有不慎就可能导致关节扭伤等意外。不过，只要牢记"米"（R.I.C.E）这个扭伤急救处理的顺口诀，即使不幸扭伤，也可减轻痛楚和加快康复。

关节扭伤是指由于突然过度扭转关节，以致将韧带及关节囊部分撕裂。受伤的关节附近的肌肉会疼痛，渐渐开始肿胀及瘀青，以致不能完全活动自如。但只要受伤位置没有严重的损伤，如骨折或关节移位，便可自行进行初步的急救。

·R 代表 Rest（休息）

首先要立即中止进行中的活动，让受伤部位能够休息，避免进一步加剧伤情。

·I 代表 Ice（冰敷）

然后在受伤的部位利用碎冰或啫喱冰垫冷敷。这样不但可以令血管收缩，减少患处的肿胀，更有镇痛作用，减少不适。

·C 代表 Compression（包扎）

再以弹性绷带把患处适当地包扎好，以减少肿胀和加以支持，可促进复原。

·E 代表 Elevation（抬高）

若环境许可，可用物件把患处抬高，减少肿胀。

此外，切忌不要跟从坊间常用的错误处理方法，如使用药油、药酒或按摩膏大力推按受伤部位，这样不但不能消肿止痛，更会加剧伤势。若患处痛楚增加或严重肿胀，就应尽快求医，以免延误治疗。

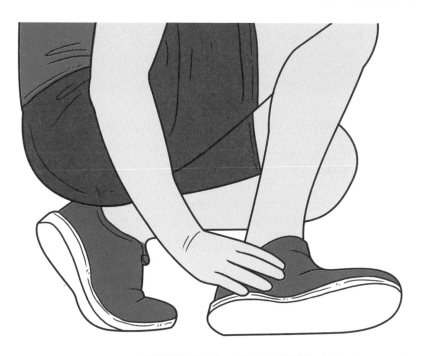

R.I.C.E

扭伤处理紧急"米"字要诀

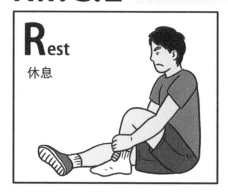

Rest 休息

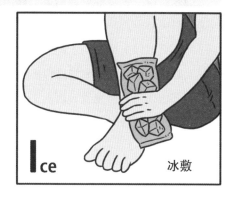

Ice 冰敷

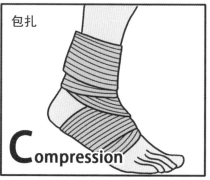

Compression 包扎

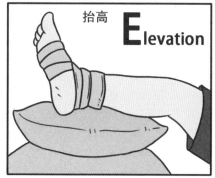

抬高 **E**levation

135

腰部急性扭伤以后怎么处理

急救常识

常见的事故急救

公共场所事故急救

火灾中的急救

交通事故急救

动物造成伤害后的急救

中毒后的急救

户外活动的急救

自然灾害中的急救

遇到人为危险时的自救

急性腰扭伤，也就是俗称的"闪了腰"，多是由搬动重物、弯腰取物，甚至打哈欠时，肌肉神经运动不协调，用力过猛所致。那么，急性腰扭伤后如何处理？

一般来说，处理急性腰扭伤分三步。

·采取正确姿势休息

腰扭伤时一定要安静休息，不要做过多活动，并注意姿势正确。最好睡硬板床，铺 7~10 厘米厚的垫子，这样可以使椎体保持自然位置，损伤的韧带易恢复，突出的椎间盘也会恢复。

·通过冰敷消除炎症

腰扭伤后 1~2 天内，最好在疼痛部位做冰敷，以消除肌肉和椎间盘周围产生的炎症。

·通过热敷缓解肌肉痉挛

静养后第三天炎症开始消退．疼痛慢慢减轻。这时可开始使用热敷来放松肌肉，以消除肌肉痉挛。

如果采取以上措施仍不能缓解疼痛的话，应尽早去看医生，以免延误治疗。在治疗的同时，也可以在家酌情进行一些按摩手法辅助治疗。

腰部扭伤很容易复发，因此平日要加强腰部锻炼，增强腰部的肌肉力量。当提拿物的时候，先两肢张开再弯腰，待姿势稳定后再提重物。

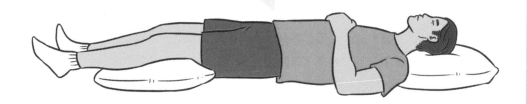
平躺休息，让损伤的韧带、椎间盘自动恢复

尝试按摩进行辅助治疗，注意按摩的力度不易过大，否则可能加重伤势

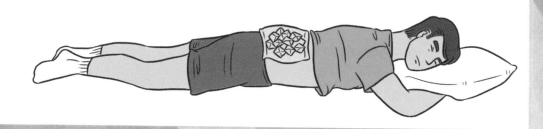
通过冰敷来消除炎症，加速损伤部位的自我恢复能力

鼻出血的紧急处理

急救常识

常见的事故急救

公共场所事故急救

火灾中的急救

交通事故急救

动物造成伤害后的急救

中毒后的急救

户外活动的急救

自然灾害中的急救

遇到人为危险时的自救

　　大多数人都有过鼻出血的经历，尤其秋季由于空气干燥和气候变化，更是鼻出血高发季节。为什么鼻子容易出血呢？首先因为鼻子里的血管丰富且浅表曲折；其次因为鼻腔是呼吸道的门户，容易受病菌和外伤等因素的侵袭。

急救措施

· 指压止血法

　　如出血量小，可让病人坐下，用拇指和食指紧紧地压住病人的两侧鼻翼，压向鼻中隔部，暂让病人用嘴呼吸。同时在病人前额部敷以冷水毛巾，一般压迫 5 ~ 10 分钟，出血即可止住。

· 压迫填塞法

　　如果出血量大，或用指压止血法不能止住出血时，可采用压迫填塞的方法止血。具体做法是：用脱脂棉卷成如鼻孔粗细的条状，向鼻腔充填。不要松松填塞，因为填塞太松，达不到止血的目的。再继续捏住双侧鼻翼 10 分钟左右，即能止血。

　　如是高血压引起的鼻出血，可危及生命，须慎重处理。先让患者侧卧把头垫高，捏着鼻子用嘴呼吸，同时在鼻根部冷敷。止不住血时，可用棉花或纱布塞鼻，同时在鼻外加压，就会止住。

　　如经处理后，依然流血不止，应快速去医院。经常鼻出血的人，也应及时到医院心内科、血液科或耳鼻喉科进行必要的检查。

　　另外，有些人在鼻子出血后往往凭经验仰头止血，其实这样做是很危险的。因为鼻出血大多发生在鼻腔前方，如果仰头止血的话，血就会流到鼻腔的后方、口腔、气管甚至肺部，轻则引起气管炎、肺炎，重者可导致气管堵塞、呼吸困难，以致危及生命。

按压鼻翼，用嘴呼吸

用脱脂棉填充鼻腔止血

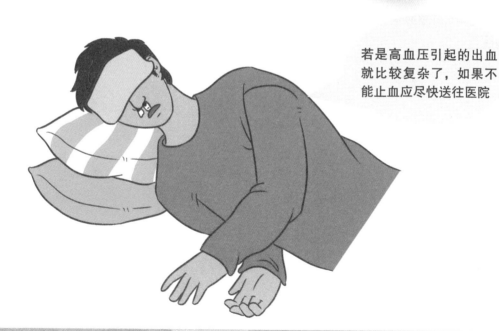

若是高血压引起的出血就比较复杂了，如果不能止血应尽快送往医院

掌握正确的水中救人的方法

急救常识

常见的事故急救

公共场所事故急救

火灾中的急救

交通事故急救

动物造成伤害后的急救

中毒后的急救

户外活动的急救

自然灾害中的急救

遇到人为危险时的自救

　　一旦发现有人溺水应当立即施以援救，但更重要的是，不会游泳别逞英雄，千万不可下水救人！即使会游泳，只有采用正确的方法，才可以成功救助溺水者。正确的水中救人的具体方法如下：

　　·如需要下水时，应脱掉鞋、衣裤，无阻力地下水，并从背面侧面接近落水者，以侧泳、仰泳的方法将溺水者带到安全处。

　　·在流动的河水里，应该朝下游一点的地方游，因为落水者本身也在往下漂。

　　·万一被落水者抱住，不要慌张，先挣脱掉被救者的手，再从后面救助，用左手伸过其左臂腋窝抓住其右手，或从后面抓住其头部，以仰泳姿势将其拖到安全处。

　　对于落水者来说，应积极配合他人的救助，被救者与救助者互相配合才能成功。配合的方法如下：

　　·在水中要镇静，双手划动，观察救助者扔过来的救生物品，迅速靠上去。

　　·当救助者游到自己的身边时，不要乱打水、蹬水，应配合救助者仰卧水面，由救助者将自己拖拽到安全地带。

　　·不要呼喊、招手，保存体力，等待援救是最重要的。

　　☞ **注意：被救助者千万不要死死抱住救助者，也不要在水中拼命挣扎，这样不利于救生。**

下水时，应脱掉鞋、衣裤

从背面侧面接近落水者

避免被落水者抱住

以侧泳、仰泳的方法将溺水者带到安全处

如果身边有救生圈的话，可以令救助过程更加顺利

怎样对溺水窒息者进行急救

急救常识

常见的事故急救

公共场所事故急救

火灾中的急救

交通事故急救

动物造成伤害后的急救

中毒后的急救

户外活动的急救

自然灾害中的急救

遇到人为危险时的自救

溺水的本质是窒息，大脑缺氧时间越长，死亡率越高。一般溺水者只要没有发生心力衰竭，就有救活的可能。

溺水者往往因脑充血而有中风现象，致使咀嚼肌痉挛，牙关紧闭，口难张开，口中的淤泥、杂物和呕吐物等堵塞住口腔，不便排出腹水和进行人工呼吸。这时可用大拇指由后向前顶住溺水者的下颌关节，用力前推，同时食指和中指向下扳下颌骨，将口掰开，用镊子或筷子将口腔或喉部的杂物、淤泥等夹出。

如溺水者喝水过多，则需要排出腹水（此时溺水者腹部胀大）。排出腹水的方法：

·膝上倒水法：救护员一腿下跪，另一腿屈膝，将溺水者腹部放在屈膝的腿上，一手抓住其头发，使溺水者的头上抬一点，一手用力下压背、腹部，使水排出。

·提腹倒水法：救护员两手相交，托住溺水者腰腹部，将溺水者头朝下提起，并有节奏地用力上下抖动，倒出腹水。

·民间倒水法：寻一口大锅将其反扣在地面上，扶溺水者伏于锅上，腹部置于锅顶，头朝下，在溺水者背上给予一定的压力，以倒出腹水。

如果溺水者呼吸十分微弱或处于窒息状态，应立即做人工呼吸，此时，不要把时间浪费在解衣、摸脉、检查瞳孔，甚至排除腹水等工作上。

口对口人工呼吸法是效果最佳的人工呼吸法。在溺水者没有开始自己呼吸前不要中止人工呼吸（许多溺水者需几小时的人工呼吸后才得以苏醒）。只要有心跳就应继续进行人工呼吸，直到自发性呼吸恢复为止。如果溺水者无心跳或心跳极微弱时，需进行心脏按压，直至心脏再跳或确认已死亡为止。

溺水者恢复呼吸后，应将其身体安置成卧式，用衣物盖住。如有损伤，予以护理，并立即送往医院做进一步处理。

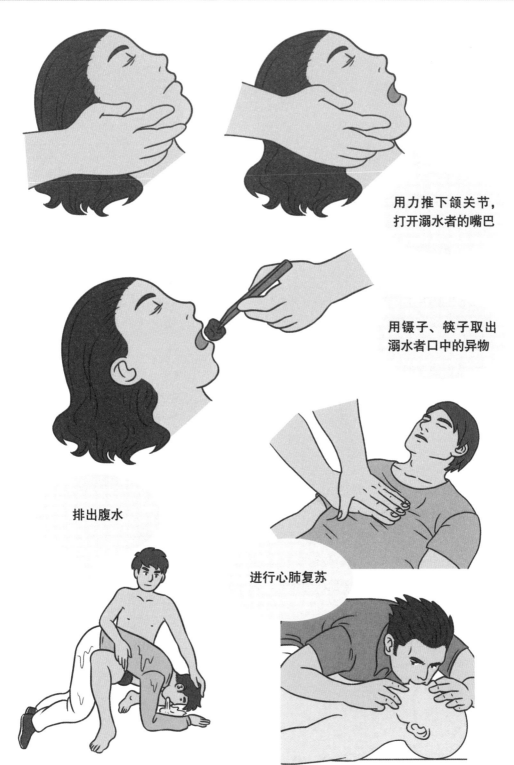

用力推下颌关节，
打开溺水者的嘴巴

用镊子、筷子取出
溺水者口中的异物

排出腹水

进行心肺复苏

急性冻伤怎么处理

急救常识

常见的事故急救

公共场所事故急救

火灾中的急救

交通事故急救

动物造成伤害后的急救

中毒后的急救

户外活动的急救

自然灾害中的急救

遇到人为危险时的自救

急性冻伤是登山运动中比较常见的疾病，尤其是一些初次参加登山的人士，缺乏经验，很容易疏忽对冻伤的防护。另外，严冬时节如果长时间置身户外，手、脚、耳朵、鼻子等部位就有可能发生冻伤，严重时会将人体冻僵。局部冻伤本身是不会致命的，但它的后果极为严重，许多寒区遇险丧生的人中，主要是因为冻伤而失去了行动能力，无法进行各种生存活动，最后因低温症而死亡。因此，一旦发现冻伤者，就应采取下面的救治方法：

· 迅速脱离低温环境和冰冻物体。

· 迅速恢复冻伤部位的血液循环和温度，可在40℃左右温水中浸泡。

· 局部冻伤，如无创口，保持干燥，注意保温防冻；如有创口，冻伤药膏外敷，抗感染治疗。

· 对于昏迷的冻僵者，可在其颈旁、腋窝、膝弯下及身旁等处放置热水袋后，在全身盖上棉被，以待复温。

· 对于呼吸和心跳都已停止的患者，应在恢复体温的同时，给其做人工呼吸和心脏按压，然后，送医院做进一步的救治。

除了这些步骤之外，还要注意以下几个方面：

· 忌用火烤、热水烫等加热措施复温。禁用冷水浴、用雪搓、捶打等方法。

· 在温暖的环境中可给病人少量热酒，促进血液循环及扩张周围血管。但寒冷环境中不宜饮酒，以免增加身体热量丢失。

· 在冻伤的急性期，必须避免伤肢运动。但当急性炎症消散后，应尽早活动指（趾）关节，防止关节僵直，有助于肌张力恢复，保护肌腱和韧带的灵活性。

脱离冰冻环境

脱掉湿冷衣物

利用温水恢复

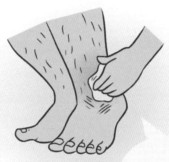

擦冻伤药膏

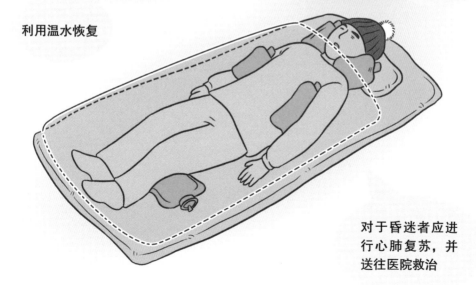

对于昏迷者应进
行心肺复苏，并
送往医院救治

掉进冰窟中如何自救

急救常识

常见的事故急救

公共场所事故急救

火灾中的急救

交通事故急救

动物造成伤害后的急救

中毒后的急救

户外活动的急救

自然灾害中的急救

遇到人为危险时的自救

在冰天雪地的冬季，滑冰时或在冰面上行走，万一冰面破裂，就有可能掉进冰窟之中。一旦发生这种情况，应当怎么办呢?

如果此时不会游泳，在冰冷的水中会很危险。即便是水性好的人，如果没有经过长年冬泳的锻炼，很难承受冰窟中冷水的侵袭，肌肉会在数分钟内被冻得麻木无力，如果不及时爬到冰面上来，也会很危险。

·不要惊慌，保持镇定，要大声呼救，争取他人相救。

·掉进冰窟中衣服中有空气，会使身体浮在水面上，此时不管有没有人来救，或会不会游泳，都要尽力爬上冰面。

·如果是在远离岸边的地方掉进冰窟，且冰面破裂的比较大，冰层很薄，此时要采用双脚踩水的方式使身体浮起来，不断用双手打碎身前的薄冰，向岸边移动。直到移动到岸边或找到足以支撑身体的冰面。

·在找到能够支撑身体的冰面时，双手伸到冰面上，双脚向后踢，使身体浮起来并与冰面呈水平位，慢慢爬上冰面，向岸边滚动。

·上岸后要不断活动身体，尽快找到取暖处，换上干衣服。

·检查身体、脸上或手上有没有被裂冰划破的伤口，如果有伤口就要进行外伤的紧急处理。如果伤势严重，除止血包扎外，要尽快赶往医院紧急救治。

救命！！

大声呼救，吸引
别人的注意

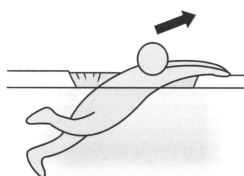

不断打碎冰面，
向岸边移动

尽力爬上冰面

爬上冰面后不要站立，
而是向岸边滚动

活动身体，并尽
快找到取暖处

雪崩时怎样求生

急救常识

故急救 常见的事

事故急救 公共场所

急救 火灾中的

急救 交通事故

害后的急救 动物造成伤

急救 中毒后的

的急救 户外活动

中的急救 自然灾害

险时的自救 遇到人为危

大多数雪崩事发前都会有一定的征兆,求生者应尽量避免在类似地区活动,若是已经遇上雪崩,一定要冷静并沉着应对。

雪崩通常会在同一地区重复发生,特别是经历多次雪崩冲袭以后,坡面越发平滑,更容易导致雪崩。因此,在到达遍布积雪的高山地区以后,要对该地区进行相应的辨识。如果发现有陡峭并且开阔的冲沟、连根拔起的树木或者大块的滚落岩石等,都表示该地曾经发生过雪崩。

如果你无法辨识,并且不幸遇上了雪崩,还被困在了坍塌的雪流当中,务必要立刻采取方法自救。

首先,迅速卸下自己的背包和雪橇等装备,然后试着向雪流的边缘移动。如果还能在雪流中游动,可以像游泳一样用力前游,以背部迎向雪流的冲击。同时,要注意不能张口呼吸,如果遇上松雪雪崩的话,还需要用口罩、围巾等遮住口鼻,隔绝空气中的粉状雪粒,避免因此导致窒息。

陷入雪流以后,保存体力非常重要,等到雪崩的力道减弱并且逐渐稳定以后,再向雪层的表面移动。如果一味地慌乱求生,最终生还的概率非常渺茫。

雪流稳定以后,试着慢慢向雪层表面挖掘前进。若是身处雪流内部难以辨别方向,可以试着吐出一点唾液,唾液流动的方向就是地面,与之相反的方向即是雪层表面。

陷入雪流后，注意保存体力，避免窒息，当雪流逐渐稳定后开始向雪流表面移动

冰天雪地中遇险如何求生

急救常识　常见的事故急救　公共场所事故急救　火灾中的急救　交通事故急救　动物造成伤害后的急救　中毒后的急救　户外活动的急救　自然灾害中的急救　遇到人为危险时的自救

　　如果你不得不在冰天雪地的野外环境中求生的话，务必要提前搭建好能够有效保暖的避难所。

　　这样的环境下最容易获得的材料就是雪，可以尝试自行搭建雪屋。先在地上摊上大片的树枝，然后往上铺雪并压实，最好在树枝外层放上一层兽皮或帆布，雪铺好压实，等到成型（大约1小时后）拆去树枝，雪屋即告落成。

　　一般来说，一旦遇上了风暴而暂时又得不到营救，就应立即搭成这种简单的避险所。在雪屋内适当烤火取暖是可以的，但必须防止一氧化碳中毒。在严寒地带还要特别注意防止冻伤，要保持四肢的干燥，涂上油脂，比如动物的脂肪，这是最有效的办法。千万不可用雪、酒精、煤油或汽油擦冻伤了的肢体。另外切记，雪吃得越多越渴，由于雪水中缺少矿物质，因而即使是烧开了喝，也会引起腹胀或腹泻。但用雪水做菜汤则另当别论。解决饥饿的最好办法就是捕捉动物，尤其是冬眠的动物，捕捉较为容易。

　　被雪困在汽车里怎么办？都市发生雪灾，如果你被困在汽车里，那就待在里面。在电池不被用完的前提下，每小时启动发动机10分钟可以提供足够的热量。窗户可适时开一会儿，以避免一氧化碳中毒。不要在车内点燃东西取暖。间歇性地打开你的车灯并鸣笛，以便确保救援人员能够看到你。在汽车的天线上系一条颜色鲜艳的布作为遇险信号。都市中救援人员应当来得很快，到晚上的时候，如果可能，把车灯打开，以便救援人员发现你。

因纽特人雪屋搭建方法

选定搭建雪屋的地点,最好选在平原上,不要在近山地带

就地取材,在雪屋范围内切割雪砖

以螺旋形排列,缝隙用雪填充

控制好内部空间的大小

不断对齐,完善雪砖的排列

最后的屋顶要用比较大块的雪砖来制作

完工后雪屋的样子

用各种保暖材料封闭雪屋的入口

急救常识

常见的事
故急救

公共场所
事故急救

火灾中的
急救

交通事故
急救

动物遗成伤
害后的急救

中毒后的
急救

户外活动
的急救

自然灾害
中的急救

遇到人为危
险时的自救

专题：在户外活动如何应对昆虫叮咬

户外尤其是热带充满了各种危险的昆虫，它们会传染各种疾病或者在叮咬的同时释放毒素，比如蜱虫、红螨、蚊子、蜘蛛、蝎子、蜈蚣、黄蜂、蚂蚁等。

蜱虫：这种寄生虫多生于草丛中，通过吸食人或动物的血液传播疾病。在热带丛林中活动时，每天至少要检查一次身上是否有蜱虫吸附。

红螨：会传染斑疹伤寒，通常躲藏在草丛较深的地面，只要不直接躺或者坐在地面上，并且扎营之前尽量将地面的草清理干净，就能有效地预防被其叮咬。

蝎子：它们在热带丛林中非常活跃，蝎子会躲在石头或者枯树的树皮下，也将可能会钻进鞋子或者衣服当中，因此在穿上鞋袜衣服之前应仔细检查。

蚂蚁：在热带植物的枝叶之间，常常攀附有大量红火蚁，如果被红火蚁叮咬的话会疼痛难当，并出现很多红斑，如不能及时救治，可能出现化脓等症状。

如何才能预防昆虫叮咬呢？

· 在露出的皮肤和衣物的开口处喷洒驱虫剂；

· 尽量让衣物覆盖全身，尤其是晚上更不能放松警惕；

· 尽量遮住手臂和双腿，头部、面部的保护也非常重要；

· 在远离沼泽的地方扎营；

· 睡觉时要撑起蚊帐，没有蚊帐的话可以在面部涂抹泥巴，预防昆虫叮咬。

第九章
自然灾害中的急救

当发生地震、洪水、山体滑坡、泥石流等自然灾害时，如能及时采取防范措施，就能最大限度地减少损失，减轻危害。

本章要介绍的就是几种常见自然灾害的急救知识。

【在急救人员到来之前，务必进行自救】

收到地震预警后该做什么

急救常识

常见的事故急救

公共场所事故急救

火灾中的急救

交通事故急救

动物造成伤害后的急救

中毒后的急救

户外活动的急救

自然灾害中的急救

遇到人为危险时的自救

地震预警是指在地震发生以后，抢在地震波传播到周围地区前，提前几秒至数十秒发出警报，以减小当地的损失。在收到地震预警后，要根据地震的强度、距离震中的远近和您身处的环境做出不同的判断：

·如果您收到地震预警时正在炒菜或者操作电动机械，请关闭火源或者电源之后再逃生。

·如果地震时你身处图书馆或商业大厦等抗震级别较高的建筑内，千万不要冒险跳楼，而是要做好自我保护，可以钻到桌子底下，防止被掉落的物品砸到。

·如果地震发生时，你身处平房或一楼，应立即离开房间到开阔地。地震发生时，屋内最危险的场所是没有支撑物的床上、吊顶、吊灯下、周围无支撑的地板上、玻璃（包括镜子）和大窗户旁。

·不要选用电梯下楼，因为很可能因为断电或者其他原因停止运行，酿成更大的危机。

·如果被埋在废墟中，此时一定要树立生存的信心，保持正常呼吸，不要哭喊和盲目行动。尽量保存体力，用石块敲击能发出声响的物体，向外发出呼救信号。

👉 **注意：地震预警并非地震预报！地震预警利用的是地震波传播速度小于电波传播速度的特点，提前对地震波尚未到达的地方进行预警。一般来说，地震波的传播速度是几千米每秒，而电波的速度为 30 万千米每秒。因此，如果能够利用实时监测台网获取的地震信息，以及对地震可能的破坏范围和程度的快速评估结果，就有利用破坏性地震波到达之前的短暂时间发出预警，为人们赢得逃生的片刻时间。**

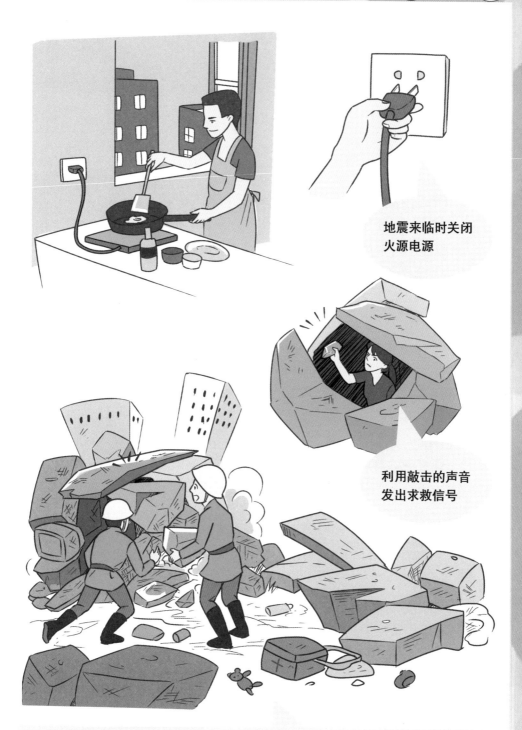

地震来临时关闭
火源电源

利用敲击的声音
发出求救信号

救援人员寻找幸存者需要时间，因此在救援到来之前一定要保存体力

在户外时发生地震如何保护自己

急救常识

常见的事故急救

公共场所事故急救

火灾中的急救

交通事故急救

动物造成伤害后的急救

中毒后的急救

户外活动的急救

自然灾害中的急救

遇到人为危险时的自救

如果发生地震时，你正好身在户外，那是非常幸运的。不过，也不能掉以轻心，应该采取合适的措施，最大限度地避开危险。

· 就地选择开阔地避震，蹲下或趴下，以免摔倒。

· 不要乱跑，避开人多的地方，更不要随便返回室内。

· 避震的时候避开高大建筑物和变压器、电线杆、广告牌等危险物。

· 地震时在户外的人，千万不要在地震时进屋去救亲人，只能等地震过后，再对他们及时抢救。

· 如果你正行走在高楼旁的人行道上，要迅速躲到高楼的门口处，以防被碎片掉下来砸伤。

· 如果在山坡上时地震发生，千万不要跟着滚石往山下跑，而应躲在山坡上隆起的小山包背后，同时要远离陡崖峭壁，防止崩塌、滑坡的威胁。

· 在海边，如发现海水突然后退，比退潮更快、更低，就要警惕海啸的突然袭击，尽快向高处转移。

当人身处户外场合的时候，一旦发生地震剧烈摇晃、站立不稳，人们都会有扶靠、抓住什么的心理，身边的门柱、墙壁大多会成为扶靠的对象。但是，这些看上去挺结实牢固的东西，实际上却是危险的。

在户外发生地震时，注意观察周围的环境，一般有足够的安全地带供你选择

停车场

地震时被压在废墟下怎么办

急救常识

常见的事故急救

公共场所事故急救

火灾中的急救

交通事故的急救

动物造成伤害后的急救

中毒后的急救

户外活动的急救

自然灾害中的急救

遇到人为危险时的自救

　　发生大地震后，很多房屋会倒塌，没有来得及逃到户外的人常常会被压在废墟下。此时，在急救人员到来之前，务必进行自救。

　　·如果震后不幸被废墟埋压，要尽量保持冷静，设法自救。无法脱险时，要保存体力，尽力寻找水和食物，创造生存条件，耐心等待救援。

　　·被埋压在废墟下时，至关重要的是不能在精神上发生崩溃，要有勇气和毅力。强烈的求生欲望和充满信心的乐观精神，是自救过程中创造奇迹的强大动力。

　　·被压埋后，注意用湿手巾、衣服或其他布料等捂住口鼻和头部，避免灰尘呛闷发生窒息及意外事故，尽量活动手和脚，消除压在身上的各种物体，用周围可搬动的物品支撑身体上面的重物，避免塌落，扩大安全活动空间。条件允许时，应尽量设法逃避险境，朝更安全宽敞、有光亮的地方移动。

　　·注意观察周围环境，寻找通道，设法爬出去，无法爬出去时，不要大声呼喊，当听到外面有人时，再呼叫或敲击出声，向外界传递信息求救。无力脱险时，尽量减少体力消耗，寻找食物和水，并有计划使用，乐观等待时机，想办法与外面援救人员取得联系。

　　·如果被埋在废墟下的时间比较长，就要想办法维持自己的生命，尽量寻找食品和饮用水，必要时自己的尿液也能起到解渴作用。

掩住口鼻，避免吸入灰尘

寻找通道

避免塌落

寻找食物和饮用水

发生滑坡时怎样避难

急救常识

故急救 常见的事

事故急救 公共场所

急救 火灾中的

急救 交通事故

害后的急救 动物造成伤

急救 中毒后的

的急救 户外活动

中的急救 自然灾害

险时的自救 遇到人为危

在暴雨季节，有些山体长时间被雨水浸泡，表面山石和泥土松动后容易产生山体滑坡。如果不幸遭遇山体滑坡时，首先要沉着冷静，然后采取必要措施迅速撤离到安全地点。

安全地点应选择为容易滑坡地带的外围两侧。千万不要将避灾场地选择在滑坡的上坡或下坡，也不要未经全面考察，从一个危险区跑到另一个危险区。当需要转移的时候应听从统一安排，不要自择路线。

一旦山体开始崩滑，应朝着与滚石方向呈 90° 垂直的方向奔跑。切忌和滚石方向相同，因为人跑得再快，也不可能快过在不断加速的滚石。

如果跑不出去的话，应迅速抱住身边的树木等固定物体，或者可以躲避在结实的障碍物下，如蹲在较窄的地坎、地沟里。躲避的时候应注意保护好头部，可利用身边的衣物裹住头部。

除了这些逃生措施之外，提前做好预防措施才能确保安全。

☞ <u>尤其是进行野外活动时，一定要注意：</u>

·外出旅游时一定要远离滑坡多发区。

·野营时避开陡峭的悬崖、沟壑和植被稀少的山坡。

·非常潮湿的山坡也是滑坡的可能发生地区。

安全的地点为发生滑坡地段的两侧，地坎、地沟等处均是可藏身的地方

遇到泥石流怎么办

急救常识

故急救

事故急救 公共场所

急救 火灾中的

急救 交通事故

害后的急救 动物造成伤

急救 中毒后的

的急救 户外活动

中的急救 自然灾害

险时的自救 遇到人为危

泥石流发生在夏季暴雨期间，山区下暴雨或发洪水时，极易引发泥石流，千万不要觉得泥石流和洪水差不多，大的泥石流甚至可以冲毁一座小城。

既然泥石流造成的灾害这么严重，那遇到泥石流要怎么办呢？

舍弃重物

如果你感受到了山体的抖动或听到石块撞击的声音，不要犹豫，丢下你的背包，撒腿跑吧。不要留恋自己的衣物和装备，毕竟生命只有一次，也不要认为自己力气大，跑得也足够快，完全能够逃脱。泥石流和雪崩是一样的，甚至速度更快。

横向逃跑

如果能看到远处泥石滑落的方向，一定要朝着横向逃跑；如果看不到方向，也要沿着山地的同一水平线跑，千万不要向低处逃跑，你是跑不过泥石流的。

高处逃生

泥石流发生时，安全的高地是最好的避灾场所，要迅速往两侧高处转移，越高的地方越安全。这种方式虽然比较冒险，但是如果你已经在半山腰以上的位置了，周围发生泥石流，爬到最高处有时候也是一种逃生的方法，因为泥石流多发起在半山腰处，山顶处一般不会发生泥石流。

观察泥石流的方向，然后向横向逃生

高处是躲避泥石流的安全地带

发生洪水时怎样应对

急救常识　故急救　事故急救　公共场所　急救　火灾中的　急救　交通事故　害后的急救　动物造成伤　急救　中毒后的　的急救　户外活动　中的急救　自然灾害　险时的自救　遇到人为危

　　通常而言，洪水是一种季节性灾害，有着自身的规律，因此人们基本上已经可以做预报和预防。不过，万一遇到突发水灾时应该怎样应对呢?

　　首先，要做好避难所的选择。观察周围建筑与交通，避难所一般应选择在距家最近、地势较高、交通较为方便处，并有供水设施，卫生条件较好。在城市中大多是高层建筑的平坦楼顶，地势较高或有牢固楼房的学校、医院等。在离开家之前，应关闭所有电源和煤气阀，并关好门窗，避免物品随水漂流。

　　其次，储备必要的医疗用品、衣物、饮水和食物，做好援救和被援救的准备。尽可能保存好各种能够使用的通信设施，以便与外界保持通信。

　　如果已经被洪水围困，可到屋顶、树上等高处避难，将木料或木质家具捆扎成救生木筏使用。在下水之前，应先试试浮力，确定足够载人再乘筏逃生。在木筏上可以准备手电筒或鲜艳衣物，用来施放求救信号。如有条件，要积极援救周围的被困者。

　　洪水的水流往往比较湍急，因此在水中行走的时候，尽量保持步子稳健。手里最好拿上一根棍子，用来探查地面，防止水底有看不见的陷坑、下水道。当水流已经抵达腰部以上时，尽量不要下水，勉强涉水有被冲走的危险。

　　另外，即使会游泳，也应在洪水来临时避免下水，以防被水中的暗流漩涡卷走或被漂浮物冲撞受伤。

利用木料或木制家具制成救生筏

可以躲在树上或屋顶避难

水灾之后如何自救

急救常识

常见的事故急救

公共场所事故急救

火灾中的急救

交通事故急救

动物造成伤害后的急救

中毒后的急救

户外活动中的急救

自然灾害中的急救

遇到人为危险时的自救

　　俗话说，大灾之后必有大疫。洪水退后，到处都是破败的废墟和被淹死的动物尸体。首先要给房子进行彻底消毒，包括空调、供暖管道和过滤器。在重新使用之前检查并烘干所有电器。在检查被水淹过的房子时，要使用手电筒，千万别划火柴，以防因煤气泄漏而引发火灾。由于腐烂和水污染会引发疾病，应把所有的动物尸体烧掉，不能冒险吃它们。所有的水饮用前要彻底煮沸。

　　洪水发生后应注意以下事项：

　　·绝对不能吃在洪水里浸泡过的食物。

　　·喝水之前必须煮沸，做到充分沸腾，且饮用之前要消毒。

　　·寻找附近可提供医疗服务的医院。在红十字会组织设置的避难区域，可以获得食品、衣物及紧急补助金。

　　·不要去灾害现场，以免妨碍救援活动和紧急业务。

　　·在建筑物内调查时不要使用煤油灯和火把，而要使用电筒。

　　·公共线路被切断时，应联系相关管理部门。

　　水源在灾害后非常重要，不过千万不能直接饮用未经任何处理的地表水。应经沉淀消毒或煮沸后才能饮用。在 100 千克水中加 12 克明矾，或加入 1~2 克漂白粉，搅匀后，经过沉淀，可以起到消毒作用。

　　在寻找到可饮用的水源后，需要将周围的杂草、淤泥及垃圾清除，安置专人看管，并尽可能用水管将水接至住所，以防止水源污染。

灾后是瘟疫的高发期，此时应注意饮食安全，避免使用被污染的水源

外出时如何避免遭受雷击

急救常识

常见的事故急救

公共场所事故急救

火灾中的急救

交通事故急救

动物造成伤害后的急救

中毒后的急救

户外活动的急救

自然灾害中的急救

遇到人为危险时的自救

雷电是常见的自然现象，它实质上是天空中雷暴云中的火花放电，放电时产生的光是闪电，闪电使空气受热迅速膨胀而发出的巨大声响是雷声，雷雨天容易遭受雷击，致人受伤甚至死亡。

避免雷击应当做到：

·在外出时遇到雷雨天气，要及时躲避，不要在空旷的野外停留。如正在驾车，应留在车内。车壳是金属的，就算闪电击中汽车，也不会伤人。车厢是躲避雷击的理想场所。

·雷雨天气时千万不要在江、河、湖水里游泳或划船，也不要垂钓。因为水的电导率很高，容易吸引雷电。

·如果在空旷的野外无处躲避，应该尽量寻找低凹地（如土坑）藏身，或者立即下蹲、双脚并拢、双臂抱膝、头部下俯，尽量降低身体的高度。如果手中有导电的物体（如铁锹、金属杆雨伞），要迅速抛到远处，千万不能拿着这些物品在旷野中奔跑，否则会成为雷击的目标。

·特别要小心的是，遇到雷电时，一定不能到高耸的物体（如旗杆、大树、烟囱、电杆）下站立，这些地方最容易遭遇雷击危险。

·如果你发现有人遭雷击，立刻打急救电话，并在救援人员到达的这段时间内，观察一下受害者的状况。如果受害者已经没有意识，但还在呼吸，那你就等待救助；如果受害者已经停止呼吸，立即运用心肺复苏法按压，直到受害者恢复呼吸或者是救援队到达为止。

水上、电线杆下、树下、手持金属物都容易遭到雷击

发现有人遭到雷击受伤，应及时拨打求救电话，并对伤者进行急救

急救常识

常见的事故急救

公共场所事故急救

火灾中的急救

交通事故急救

动物造成伤害后的急救

中毒后的急救

户外活动的急救

自然灾害中的急救

遇到人为危险时的自救

专题：开车旅行遇到塌方怎么办

我国南方一些丘陵地带的靠山公路比较容易发生塌方和山体滑坡，尤其是在雨季，山体很不牢固。如果你驾驶着汽车行走在道路中，不幸遇到了塌方，那么应该怎么办呢？

夏汛时节尽量不要去山区峡谷游玩，如果一定要去山区峡谷游玩时，必须事先收听当地天气预报，不要在大雨后、连续阴雨天进入山区沟谷，出发前做好充分的应急准备，可以在后备箱里准备一些必备的食品、饮用水和燃料，以备遇到断路或难以找到补给用品时的急需。

雨季时切忌在松散的土坡附近停车，不能在凹形陡坡、岩石突出的地方停车、休息。

山体坡度大于45°或山坡成孤立山嘴、凹形陡坡等形状，以及坡体上有明显的裂缝，都容易形成崩塌。

万一开车过程中遇到塌方（崩塌）、山体滑坡也不要惊慌，可参照以下几点：

·在道路塌方比较严重的地区，机动车无法通过，应原路返回找到能够提供补给的地方，再考虑改走其他线路。

·在遇到轻微塌方的情况时，可先探查前方道路是否能通行车辆。如经简单处理后，可小心通过。若不能通行，不能强行通过。

·在国道公路出现断路或塌方时，要立即开始有计划地使用食品、饮用水和燃料，等待救援。

·驾车出门远行要备好食品、饮用水和燃料、绳索等，以备急需。

第十章
遇到人为危险时的自救

　　女性是比较容易成为被攻击的对象，当遇到人为的尾随、抢劫甚至性侵犯时，首先不要惊慌，要克服畏惧、恐慌情绪，冷静分析自己所处环境，对比双方的力量，针对不同的情况，采取不同的对策。

　　本章要介绍的就是当遇到人为危险时的几种对策和自我防卫。

啊！

【克服恐惧，果断地采取行动】

女性的自我防卫

急救常识

常见的事故急救

公共场所事故急救

火灾中的急救

交通事故急救

动物造成伤害后的急救

中毒后的急救

户外活动中的急救

自然灾害中的急救

遇到人为危险时的自救

女性比较容易成为被攻击的对象，这不仅是性别差异，也由于携带手机、钱包、首饰等容易引起不法之徒的觊觎。一般来说，如果歹徒只是为了钱财，没有必要过分与之纠缠，最好让其拿走所需要的东西，然后尽快离开并迅速报警。只有当歹徒的目的是针对人身而不是财产的时候才选择反击。

虽然女性的体格一般比男性弱，但这并不是决定性因素，女性成功击退比自己强壮的男性并不是什么新鲜事。

要做到这一点，女性先得克服自己对打斗的恐惧。这只是自信的问题，在遭遇暴力犯罪的情况下必须明白，反击并不会令自己的处境变得更差，反而有可能改变现有的困境。

另外一点，要让自己的反应令歹徒吃惊，也就是在相信自己本能的情况下迅速、果断地采取行动。如果有人扑上来攻击自己，立即进行反击，大声呼喊、奔跑或拳打脚踢都是有效的防卫手段。这样一来，你所采取的行动会出乎歹徒的预料，就能削弱他的气势。

在选择反击的过程中，学会利用随身物品，如钥匙、戒指、雨伞、高跟鞋等，这些东西都能成为攻击歹徒的武器。记住这些以后，还得学会攻击歹徒的方式。通常歹徒会选择抓住手腕、肩头、头发或者抱住身体的方式，这时候只要手还可以活动，就用钥匙等尖锐物体去攻击歹徒的手腕、大腿内侧、颈部等比较脆弱的地方，这样就会令对方因疼痛暂时松开，赢得逃脱的时间。

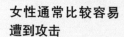

女性通常比较容易
遭到攻击

克服心理恐惧，通
过呼喊、反抗等方
式进行防卫

利用手头的物品作
为武器攻击歹徒

有人尾随时怎么办

急救常识

常见的事故急救

公共场所事故急救

火灾中的急救

交通事故急救

动物造成伤害后的急救

中毒后的急救

户外活动的急救

自然灾害中的急救

遇到人为危险时的自救

近年来，尾随的事件愈加频发。通常尾随者跟随的目标都是女性，而且目的并不单纯是尾随，还会对目标做出袭击、侮辱或者胁迫等暴力行为。

如果你认为自己被尾随了，可以向警方求助。虽然在尾随者做出实际的伤害行为之前，警察并不会对其进行处罚，但起码可以对尾随者起到警告的作用。

除此之外，在面对尾随者的时候还能做些什么呢？

通常，尾随主要发生在一些偏僻曲折的小巷。如果觉得自己被人尾随了，要立刻转身查看，这样可以警示尾随者自己已经发现他了。如果不能确认是否尾随，可以尝试穿过街道，有必要的话可以来回两次过街。这时候还在继续跟着你的话，基本可以确定是不怀好意的尾随者了。

发现尾随者以后不必惊慌，迅速寻找一个更安全的避难所，如公寓大楼、小区、医院、酒店、商场等公共场所。然后打电话给朋友或家人，请他们来接你。

如果实在找不到安全的地方，独自一人遭遇了尾随者，要做的第一件事就是直面对方，这样就能看到对方以及他想做什么，从而做出应对。

这些都是发现尾随者以后的处理方法，那怎样预防尾随呢？

·尽量不要抄近路而走自己不熟悉或人烟稀少的地段。

·可能的话，晚上不要一人独行，可以让家人或朋友接送。

·把自己的钥匙提前拿在手上，它在必要的时候可以作为你防身的武器。

怀疑有人跟踪

尝试变向或重复过路口判断

可以报警或者打电话给朋友、家人

直面对方

如果威慑到对方，仍要注意观察

确认对方远离后迅速离开

遇到抢劫时怎么应对

急救常识

常见的事故急救

公共场所事故急救

火灾中的急救

交通事故急救

动物造成伤害后的急救

中毒后的急救

户外活动的急救

自然灾害中的急救

遇到人为危险时的自救

抢劫一般多发生于黑夜或人烟稀少之时，一般多发生于立交桥、地下通道、公共厕所、黑暗路段、树林、公园等地。如处理不当，往往转化为凶杀、伤害、强奸等恶性案件。

万一遭受到抢劫，首先不要惊慌，要克服畏惧、恐慌情绪，冷静分析自己所处环境，对比双方的力量，针对不同的情况，采取不同的对策。

·首先要想到尽力反抗。只要具备反抗的能力或时机有利就应利用身边的砖头、石块、木棒、铁棍等足以自卫的武器及时发动进攻。《中华人民共和国刑法》第二十条规定：为了使国家、公共利益、本人或者他人的人身、财产和其他权利免受正在进行的不法侵害，而采取的制止不法侵害的行为，对不法侵害人造成损害的，属于正当防卫，不负刑事责任。

·当已处于作案人的控制之下无法反抗时，可按作案人的要求交出部分财物，采用语言反抗法，理直气壮地对作案人进行说服教育，晓以利害，造成作案人心理上的恐慌。切不可一味求饶，要保持镇定或与作案人说笑，采用幽默的方式，表明自己已交出全部财物，并无反抗的意图，使作案人放松警惕，看准时机反抗或逃脱控制。

·采用间接反抗法。即趁其不注意时用藏存的手机发出求救信息或报警电话，在作案人身上留下暗记，如在其衣服上擦点泥土、血迹等；在作案人得逞后悄悄尾随其后，注意作案人的逃跑去向等，伺机报警抓获他们。

·要注意观察作案人。尽量准确地记下其特征，如身高、年龄、体态、发型、衣着、胡须、疤痕、语言、行为等特征，及其使用车辆的颜色、大小、型号、车牌号码。

☞ <u>无论在什么情况下，只要有可能就要大声呼救或故意高声与作案人说话以引起周围行人注意及时报警救助你。</u>

如果遭遇抢劫，首先应该尽力反抗

无法反抗时，可以交出部分财务换取自己的安全

记住犯罪分子的特征，如身高、外形、车牌号等

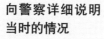

向警察详细说明当时的情况

如何应对性侵犯

急救常识

故急救 常见的事

事故急救 公共场所

急救 火灾中的

急救 交通事故

害后的急救 动物造成伤

急救 中毒后的

的急救 户外活动

中的急救 自然灾害

险时的自救 遇到人为危

性侵犯就是通常所说的强奸，是一种非常常见的犯罪，对女性造成的伤害非常严重。据统计，85% 以上的强奸案件中，受害者与歹徒认识，也就是说，遭遇陌生人强奸的概率比较低。

如果女性不幸遇到了歹徒强奸，首先应想尽办法逃脱。可以尝试通过对话来摆脱这一情况，对歹徒进行劝诫或警告，尽量保持镇定，直视对方的眼睛。

在采取了这样的措施之后，歹徒如果仍企图进行强奸，就应该做好反抗的准备。无论周围是否有人，都要大声呼喊求救，歹徒在惊慌的情况下可能会被吓走。

不到万不得已，尽量不要与歹徒发生肢体冲突，但一旦需要搏斗的话，也应记住以下几点：

·除非歹徒用刀子之类的凶器顶住你的喉咙，否则应想尽办法与之搏斗，此时无论你做什么都会对改变情势有所帮助。

·歹徒在试图施暴的过程中，注意力会分散，最容易受到攻击的时候，应抓住反击的最佳时机。

·充分利用你随手可得的武器，钥匙、高跟鞋等，如果都没有的话，可以采取咬、踢、抓等方式，扯他的头发、抠他的皮肤、攻击他的下体。

·如果你的反抗没能制止他，至少可以保证在反抗的过程中在他身上留下痕迹，以便日后指证。

·如果已经被侵犯了，那就立刻报警，报警前不要着急清洗，以便警方取证。

·事后应当找自己最信任的人进行倾诉，或者寻求心理咨询师的辅导，尽快从阴影中走出来。

遭遇性侵犯时，尽可能地逃脱或者反抗，大声呼喊很可能吓跑歹徒

学习自我防卫

急救常识

常见的事故急救

公共场所事故急救

火灾中的急救

交通事故急救

动物造成伤害后的急救

中毒后的急救

户外活动中的急救

自然灾害中的急救

遇到人为危险时的自救

自我防卫能够帮助我们在面对人为危险时做出更好的应对策略，这不仅仅包括体能方面的训练，还有心理和精神方面。

体能训练在自我防卫的过程中十分重要，这关乎着在与歹徒对抗时是否能占据优势。进行体能训练的有效方式是可以参加散打、柔道、拳击等搏击项目的课程。通过这些课程的学习，力量、耐力方面都可以得到提高，击打的准确性和效果也能不断增强。在不得不与比自己更强壮的对手进行搏斗时，有力、准确的一击就足以改变局势。所以在学习搏击课程时，应着重学习如何正确地进行决定性一击：

·准确地计算自己出击的有利时机，在攻击者身体失去平衡时，进行又快、又狠、又准的一击，这个动作在平时就应使用拳击沙袋等对象进行练习。

·短促的连续攻击，握紧拳头，不断打击对方的同一个位置，以最大的力量击出。

无论选择怎样的攻击方式，都应选择一些主要部位进行击打。如眼睛、鼻子、颈部、腹部、胯下，这些部位比较脆弱，很容易受伤，可以令攻击起到事半功倍的效果。

如果对方倒地，攻击不能停止，要用脚踢他的腹部、胯下或膝盖，确保攻击者丧失进攻的能力或追赶自己的能力。如果对方站立在你的侧后方，可以用力给他的腹部一记狠狠的肘击。

除了攻击对方，还得知道怎样保护自己。鼻子、眼睛、耳朵等面部器官都是很容易受伤的，在搏斗过程中应注意使用双手护住头部。除此之外，咽喉、腹部也应做好防御。

自我防卫时攻击对方面部能够令自己有限的力量发挥最大的效果

用脚踢对方的胯下、腹部也可令其短时间内丧失进攻或追赶自己的能力

遇到恐怖袭击怎么办

急救常识

常见的事故急救

公共场所事故急救

火灾中的急救

交通事故急救

动物造成伤害后的急救

中毒后的急救

户外活动中的急救

自然灾害中的急救

遇到人为危险时的自救

对于恐怖袭击者来说，其主要目的就是制造恐慌，并最大限度地伤害公众人群。通常恐怖袭击的方式有爆炸、枪击、刀斧砍杀、劫持等类型。

遭遇爆炸怎么办

爆炸会发生在人员比较密集的敌方。如果发生爆炸，迅速就近隐蔽或者卧倒，就近寻找简易遮挡物护住身体重要部位和器官，同时注意观察、寻找安全出口。逃离现场的时候应迅速而有序，避免发生踩踏。千万不要由于顾及贵重物品浪费宝贵的逃生时间。

遇到枪击怎么办

无论在哪里发生枪击，第一时间躲起来，选择能够挡住自己身体的掩蔽物，如立柱、柜台等。不规则物体容易产生跳弹，掩蔽其后容易被跳弹伤及，如假山、观赏石等。

总之，尽量使恐怖分子在第一时间不会发现你，为下一步逃生提供机会。

遇到刀斧砍杀怎么办

如果看到有人手持刀斧，不要停留观看，迅速离开，并及时报警。在逃离的过程中，可以利用身边的建筑物、树木、车体、柜台等物体作为掩蔽。如果无法逃离，应联合他人，利用手头上的物品（提包、衣服、雨伞、皮带等）或随手能拿到的物品（砖头、木棍、灭火器等）奋力反击。

被恐怖分子劫持后怎么办

被劫持者务必保持冷静，不要反抗，相信营救人员；不要与恐怖分子对视，以免引起注意，尽量服从恐怖分子的要求，趴在地上；尽可能保留和隐藏自己的通信工具，及时把手机改为静音，适时用短信等方式向警方求救，注意观察恐怖分子的特征，便于事后提供证言；在警方发起突击的瞬间，尽可能趴在地上，在警方掩护下逃离现场。

遭遇恐怖袭击时尽量不要反抗，除非危及到自己的生命安全，并通过可能的方式
向外求救

禁止类安全标志

禁止吸烟

禁止跳下

禁止入内

禁止抛物

禁止攀登

禁止酒后上岗

禁止停留

禁止架梯

禁止戴手套

禁止启动

禁止混放

禁止乱动消防器材

禁 止 游 泳

禁止吊钻杆时过人

禁止单扣吊装

禁止车间乘人

禁止穿带钉鞋

禁止停车

禁止触摸

禁止带火种

禁止非机动车停车

修理时禁止转动

禁止用水灭火

禁止靠近

禁止跨越

禁止吊篮乘人 禁止酒后入井 禁止输电路下吊装 禁止合闸 禁止翻越

禁止明火作业 禁止烟火 禁止放易燃物 禁止穿化纤服装 禁止拍照

禁止单吊环 禁止饮用 禁止堆放 禁止鸣喇叭 运转时禁止加油

禁止驶入 禁止攀牵线缆 禁止机动车通行 禁止通行 禁止跨输送带

禁止放鞭炮 禁止锁闭 禁止料罐乘人 禁止扒乘矿车 禁止乘输送带